三明治全典

138
recipes of
special
sandwiches

日本柴田书店　编著
苏文杰　译
李祥睿　董佳　审译

中国纺织出版社有限公司 ｜ 国家一级出版社
全国百佳图书出版单位

前言

面包中夹入了蔬菜、火腿和起司等各式食材，就是三明治。随着咖啡风潮及美味熟食铺（Delicatessen）日趋普及，多样化的面包店也随之兴起……在各种因素的影响下，三明治有着明显的演进与变化。

B.L.T. 三明治或俱乐部总汇三明治（Club Sandwiches）等分量十足的美式三明治；法式长棍面包夹上火腿或起司，简单的轻食法式三明治；使用口袋面包等做成中东式的三明治，还可搭配大家熟知的汉堡肉或热狗；此外，使用膨松柔软的吐司，制作出日式三角形的三明治……不仅是平时大家所常见的，还有变化组合搭配的各种三明治。有吃一个就能填饱肚子的，也有如轻食般满足小食量的一口三明治等，尺寸也各式各样。有适合当早餐、也适合作为点心享用的，更有能作为下酒配菜的小点等等，绝非只有单一的选择。

本书中，收录了三明治专卖店、面包店、咖啡厅、汉堡专卖店等，致力于三明治制作的 20 家人气名店最受欢迎的食谱。无论哪一款，都是店内实际销售的商品（使用的食材部分有季节限定），或是预定销售的品项。

除了"将特选的食材夹入面包"之外，没有特别固定的模式，正是三明治的精髓所在。即使利用相同的食材，也会因分切方法、美乃滋或芥末酱等调味料的分量、面包的种类不同，令人在享用时产生完全不同的印象和感受。各店家利用何种食材、夹入哪款面包之中？乍看之下或许很简单，但其实都有其深奥的学问，希望大家也能借此一窥三明治世界的变化及乐趣。

目　录
CONTENTS

▶ 基本款三明治

050 特制猪排三明治

052 特制厚切里脊猪排三明治

053 猪排三明治（Katsu Sandwich）

054 炸鸡排三明治

055 炸虾三明治

鸡肉·鸡蛋
chicken+egg

058 萨默塞特（Somerset）

059 香草烤鸡法式长棍三明治

060 特级增量三明治（Extra-Heavy）

061 油封嫩鸡三明治

062 油封鸡肉热狗面包三明治

063 莎莎酱鸡肉卷

064 照烧鸡肉三明治

065 照烧鸡贝果

066 照烧鸡肉巧巴达三明治

067 鸡肉饼三明治

068 布里欧修蛋三明治

海鲜 Seafood

▶ 基本款三明治

070 鲜虾酪梨三明治

072 烟熏鲑鱼奶油起司三明治

074 鲜虾酪梨三明治

075 鲜虾酪梨可颂三明治

076 自制油渍沙丁鱼与西红柿佛卡夏三明治

077 海味卷

078 综合海鲜沙拉三明治（Salade fruits de mer）

079 金枪鱼沙拉三明治

080 金枪鱼布里欧修三明治

081 金枪鱼酪梨裸麦面包三明治

082 烟熏鲑鱼白面包三明治

083 烟熏鲑鱼奶油起司酸黄瓜三明治

084 烟熏鲑鱼奶油起司布里欧修三明治

085 烟熏鲑鱼奶油起司三明治

086 酪梨·鲑鱼·鸡蛋三明治

087 烟熏鲑鱼夹小黄瓜裸麦面包三明治

088 鲑鱼起司贝果

开面三明治 tartine

茶点三明治 for tea time

宴客三明治 for party

摄影　海老原俊之
策划　石山智博
编辑　锅仓由记子·大挂达也·佐藤顺子

本书阅读说明

>>> 本书的前半部分，是以"蔬菜""火腿·猪肉·牛肉""鸡肉·鸡蛋""海鲜"等三明治食材分类区分章节。一种三明治中，如果夹入了火腿、莴苣和西红柿等多种食材时，会依其主要食材来进行分类。

>>> 各章节所介绍的三明治，会以大家所熟知的三明治做为"基本款"，在该章节最前面介绍其制作流程。

>>> 基本上是以一个页面介绍一种三明治。

①三明治名称：依各店家的菜单品名来标示。遇有原文标示时，以括号加注方式放在中文名称之后。

②材料表：一个三明治所使用的材料一览表。标示夹入面包前一刻的状态及用量，遇有切片或是需要混拌美乃滋等料理作业时，标示已完成料理作业的状态及其用量。此外，材料的标示顺序，依照⑤的材料照片顺序（仅有炸猪排三明治及汉堡，夹入的炸猪排和汉堡肉是以最初的状态来标示）。没有标示材料照片的奶油、黄芥末、盐、胡椒等一般调味料则列于其后。

用量为参考。请配合面包的大小及蔬菜的尺寸进行调整。

· 与面包一起标示的数字是面包的大小，依序为面包的长 × 宽 × 高（厚度）。

· 用量的单位，小匙 =5ml、中匙 =10ml、大匙 =15ml。

· 奶油基本上使用无盐奶油。

· 橄榄油用于三明治完成时，基本上使用顶级初榨橄榄油（Extra Virgin）。用于部分美乃滋时，也会使用纯橄榄油（Virgin）。

③注释：材料表下方标有 * 的文章，是关于材料的补充说明，即需要预先切碎或调理时的简单解说。

④制作方法：三明治的制作步骤。

⑤材料照片：依照三明治的面包与材料的叠放（或是夹入）顺序。使用两片面包或是一个面包分切为两片使用时，最初及最后都是面包照片，利用一个面包划开切口，夹入食材时，面包照片在最前呈现。此外，材料照片是夹入面包前的阶段，因此照片都是在分切、混拌、油炸等调理作业完成后的状态。盐、胡椒、美乃滋、奶油等一般调味料则省略照片。

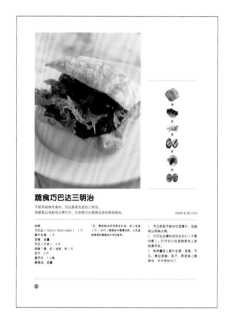

蔬菜

vegetable

夹入大量蔬菜的新鲜三明治、
运用营养丰富的豆类或豆腐制作的三明治
——在追求健康、天然的现在，
蔬菜不只是装饰而是"主角"食材了。
为大家呈现丰盛的三明治。

尼斯沙拉（Salade Nigoise）

南法尼斯的基本料理"尼斯沙拉"。加入了马铃薯、水煮蛋、金枪鱼、四季豆、橄榄等，一盘就能吃饱的沙拉。将其夹入面包中制作成三明治，也是当地经常使用的方法。橄榄及西红柿的酸味更具风味特色。

材料
农家面包 Rustic Bread
13cm × 11cm × 3cm　1 个
马铃薯（切片）　1/2 个
金枪鱼 1/2 罐
塔塔酱美乃滋（市售）适量
紫洋葱（切碎）适量
黑胡椒适量
四季豆 4 根
西红柿（切片）　2 片
黑橄榄（盐水腌渍）　2 ~ 3 个
水煮蛋（切片）　1/2 个
皱叶生菜（sunny lettuce）　1 片
奶油适量
美乃滋 1 小匙
沙拉酱汁适量

* 农家面包 Rustic 是以硬质面包面团，分切后未加整形直接供烤的面包。
* 沙拉酱汁是 E.V. 橄榄油与白酒醋以 3：1 的用量混合后，以盐和胡椒调味制作而成。

3

四季豆烫煮成口感稍硬的状态。

4

西红柿切成 7mm 厚的圆片。

1

整颗马铃薯煮至柔软后分切成 7mm 的厚片。趁热将其摊放在方形浅盘上，浇淋上沙拉酱汁。

2

在金枪鱼中拌入塔塔酱美乃滋、切碎的紫洋葱以及较多的黑胡椒混拌。

5

面包横向分切成两片，在面包切面都涂抹上奶油。夹入时用于上方的面包涂抹美乃滋，再浇淋沙拉酱汁。

6

放置下方的面包上摆放步骤 2 的金枪鱼色拉并均匀地摊平，撒上切成片状的黑橄榄。

7

排放上四季豆，叠放上马铃薯。马铃薯上摆放的是切成片状的水煮蛋（厚 7mm）。

8

排放西红柿片，再叠上皱叶生菜。

9

覆盖上吸收了沙拉酱汁的面包，轻轻按压。

10

为方便食用，分切成两等分。

蔬食巧巴达三明治

不使用动物性食材，仅以蔬菜完成的三明治。
将蔬菜以油封或火烤方式，分别提引出蔬菜本身的鲜甜美味。

DEAN & DELUCA

材料
巧巴达（12cm×12cm×8cm） 1个
紫叶生菜 1片
苦菊 适量
节瓜（片状） 2片
甜椒（黄、红）油封 各1片
茄子 2片
黄芥末 1小匙
橄榄油 适量

* 红、黄甜椒油炸后剥去外皮。放入低温（70～80℃）橄榄油中慢慢加热，之后直接浸渍在橄榄油中冷却备用。

1 节瓜和茄子斜向切成厚片，迅速地以网架火烤。
2 巧巴达由横向划切出切口（不要切断）。打开切口在底部面包上涂抹黄芥末。
3 依序叠放上紫叶生菜、苦菊、节瓜、黄红甜椒、茄子，再浇淋上橄榄油。闭合面包切口。

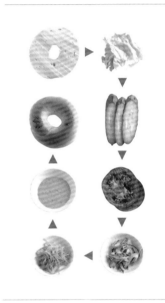

鲜蔬三明治

大量夹入莴苣、小黄瓜、西红柿、洋葱、胡萝卜等蔬菜的三明治。
利用芝麻风味的酱汁，更能增添浓郁风味。

JUNOESQUE BAGEL 自由之丘店

材料
贝果（Bagel）（10cm×10cm×3cm）
1个
生菜　2片
小黄瓜（片状）　3片
西红柿（片状）　2片
紫洋葱（片状）　20g
胡萝卜（切细丝）　20g
芝麻沙拉酱（市售）　略多于1大匙
美乃滋　适量

* 贝果使用原味贝果。
* 胡萝卜切细丝后以冷水冲洗，沥干水分后使用。

1　贝果横向分切成两片。
2　在底部贝果片表面摆放上生菜，挤上美乃滋。
3　不要重叠地排放上小黄瓜片，再摆放上西红柿片。
4　散放上紫洋葱片，胡萝卜丝。
5　浇淋上芝麻沙拉酱，放置上方贝果片。

起司酪梨鲜蔬三明治

以丹麦产的奶油起司和绵密口感的酪梨制成的三明治。
起司的咸味和酪梨的浓滑口感，更衬托出新鲜蔬菜的美味。

材料
面包（12cm×10cm×1cm）　2片
奶油起司（片状）　4～5片
酪梨（片状）　1/4个
西红柿（片状）　1片
小黄瓜（片状）　5片
洋葱（片状）　1/8个
青椒（片状）　1/4个
皱叶生菜　3片
奶油　适量
芥末籽酱　适量
美乃滋　适量

* 面包使用全麦面团加入葵花籽或南瓜籽、糯粟等，自制的五谷面包。

* 奶油起司用的是丹麦产的哈瓦蒂（Havarti）起司，口感绵密又没有特殊气味，是大家都能接受的风味。也可以使用高德（Gouda）起司或巧达（Cheddar）起司。

* 皱叶生菜也可以改用一般生菜。

* 芥末籽酱是使用法国 Pommery 公司的制品，辛辣味较低且用途广泛。

1　在1片面包上薄薄地涂上奶油、芥末籽酱、美乃滋。

2　摆放上奶油起司和切成和起司相同厚度的酪梨片。

3　依次叠放上西红柿、小黄瓜。

4　依序叠放上洋葱、青椒，最后放上皱叶生菜。

5　另1片面包上涂抹奶油后，叠放在4的上面。按压蔬菜会造成破损，所以请不要再施加压力。

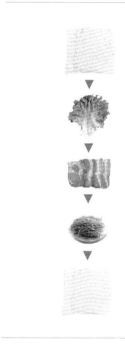

胡萝卜叉烧肉三明治

夹入原创香炒胡萝卜的吐司三明治。胡萝卜具有独特的爽脆口感，
所以重点就在于不要过度炒制。胡萝卜切成比火柴棒略细的丝，姜丝则切得更细一些。

Zopf

材料
吐司（13cm×13cm×1.6cm） 2片
皱叶生菜 1大片
叉烧肉（片状） 4片
香炒胡萝卜丝和姜丝 90g
人造奶油 1大匙
美乃滋 1小匙

* 香炒胡萝卜丝和姜丝的制作方法（方便制作的分量）。胡萝卜2根切成较火柴棒略细的细丝，姜丝50g切成更细的细丝。在平底锅中加热麻油，用中火迅速拌炒胡萝卜丝和姜丝。将食材集中在锅边，加入白葡萄酒30ml、盐1/2小匙、砂糖1匙半，高汤素（粒状）1小匙、无盐奶油1大匙。待全部的调味料溶化后，与蔬菜一同拌炒均匀。加入1小匙白芝麻混拌，关火，迅速地浇淋适量柠檬汁。

1 在2片吐司上涂抹人造奶油。
2 在其中1片上铺放皱叶生菜，以划线方式挤上美乃滋（具有固定夹入食材的作用）。
3 略有重叠地摆放上叉烧肉片。
4 将香炒胡萝卜丝和姜丝以切开时能看见胡萝卜丝切口的方向整齐排放。
5 夹上另1片吐司。

香渍豆腐蔬菜五谷三明治

用添加了罗勒和奥勒冈风味的橄榄油制作的香渍豆腐。
与大量新鲜蔬菜一起制作的健康三明治。

材料

面包（12cm×10cm×1cm） 2 片
罗勒酱 略多于 1 大匙
酪梨（片状） 1/3 个
豆腐（片状） 3 片
西红柿（片状） 1 片
洋葱（片状） 1/8 个
青椒（片状） 1/4 个
皱叶生菜 3 片
芥末籽酱 适量

* 面包请参照 16 页。
* 罗勒酱是用 6 ~ 7 片罗勒叶，1 ~ 2 瓣大蒜、1 大匙橄榄油、1 小撮盐，以料理机搅拌制作而成。
* 豆腐汆烫后沥干水分，切成 4cm×4cm×1cm 的大小。将加有大蒜、红辣椒、干燥罗勒叶和奥勒冈的橄榄油倒入豆腐中，用量以淹没豆腐为准，进行腌渍。放入冰箱则可保存 1 周左右。
* 皱叶生菜也可以使用一般生菜。

1 在 1 片面包上薄薄地刷上罗勒酱。

2 排放上酪梨片（切成 7mm 厚），再轻轻摆放上香渍豆腐。

3 依序放置上西红柿片、洋葱、青椒。

4 摆放上皱叶生菜，另 1 片面包上薄薄地刷涂上芥末籽酱后，覆盖在步骤 3 上夹起食材。

芝麻叶布里起司核桃面包三明治

夹入大量芝麻叶与布里起司的朴质三明治。
芝麻叶的略苦风味与起司的柔和口感，最能搭配核桃的香气。

材料
添加核桃的乡村面包（20cm×9cm×
1cm） 2片
布里起司（Brie） 5片
芝麻叶 5株（25片）
盐 适量
胡椒 适量
橄榄油 适量

*加入了核桃的乡村面包，是在使用自制酵
母的乡村面包面团中加入核桃混拌，烘烤而
成的面包。
*布里起司(Brie)是法国产的软质洗浸起司。

1 在1片面包上铺排上布里起司
（3mm厚），撒上少许盐。
2 用盐、胡椒和橄榄油混拌芝麻叶，
大量铺放在布里起司上。
3 覆盖上另1片面包夹住蔬菜。

菠菜贝果三明治

因对健康有益而深受喜爱的贝果，搭配同样有益健康的夹馅。特制的大蒜培根碎更引人食指大动。
为避免奶油变硬，只在温暖季节售卖的三明治。

Zopf

材料
贝果（13cm×13cm×4cm）　1个
综合抹酱　1小匙
皱叶生菜　1片
奶油炒过的菠菜　1/4小把
大蒜培根碎　1小匙

* 综合抹酱是以相同比例的酸奶油（Sour cream）和奶油起司（Cream cheese）一起混拌而成。
* 奶油菠菜是将菠菜迅速氽烫，沥干水分。用奶油加热拌炒并以盐、胡椒调味。
* 大蒜培根碎是用撖榄油拌炒大蒜（细末），拌炒至散发香气后加入培根（细丝）。以酱油、砂糖、盐和胡椒调味，拌炒至水分完全挥发。

1　贝果（黑芝麻口味）横向分切成两片，切开处涂抹上综合抹酱。
2　下方的贝果面包表面摆放上皱叶生菜，再盛放上奶油炒过的菠菜。
3　放置大蒜培根碎，再覆盖上另一片贝果。

扁豆沙拉口袋三明治

口袋面包的开口处，填放大量扁豆沙拉而成的三明治。
沙拉当中混拌着西红柿和洋葱，整体风味清淡爽口。

BAGEL

材料
口袋面包（16cm×9cm×0.5cm）
1/2 个
生菜　2片
扁豆沙拉　80g
西蓝花　2株

* 扁豆沙拉是将扁豆与洋葱、胡萝卜、芹菜、百里香、月桂叶等同时熬煮后沥干，放凉。混拌上切块的西红柿（用热水汆烫去皮去籽）、切碎的洋葱（拌有食盐并充分沥干水分），加入酱汁（黄芥末、白酒醋、葡萄籽油、盐、胡椒）混拌而成。
* 西蓝花用盐水烫煮熟。

1　打开口袋面包，避免破损地铺放生菜。
2　填装扁豆沙拉，插入西蓝花。

菇菇口袋三明治

烤香 6 种蕈菇，将其各自的香气浓缩于其中，再使用奶油提味。
可以多花点时间，用手剥开蕈菇而不用刀切，更是入味的诀窍。

Zopf

材料
口袋面包（14cm×14cm×0.8cm）
1/2 个
皱叶生菜　1 片
橄榄油渍蕈菇　70g
柠檬（片状）　1 片

* 橄榄油渍蕈菇（方便制作的分量）。香菇 1kg、洋菇 150g、蘑菇 100g、金针菇 250g、舞菇 200g、鸿喜菇 250g，各别切或剥成方便食用的相同大小。均匀摊放在整个烤盘上，适量地撒放切碎的大蒜、奶油并浇淋橄榄油。放入 250℃ 的烤箱内烘烤约 10min，将蕈菇翻面再继续加热 10min。以盐和胡椒调味，淋上柠檬汁。冷却后保存备用。

1　打开口袋面包的开口，铺放皱叶生菜。
2　填入橄榄油渍蕈菇，再摆放上柠檬片。

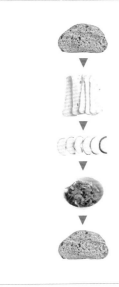

苹果布里起司热烤三明治

酸甜的苹果、柔和的起司风味搭配上香气丰富的芹菜叶。
烘烤得香酥脆口的面包，与起司更添整体的美味。

材料
乡村面包（20cm×7cm×1cm）　2片
布里起司（Brie）（片状）　5片
苹果（片状）　1/4个
芹菜叶　1小撮
奶油　适量
盐　适量
胡椒　适量

* 苹果带皮使用。去核切成厚7～8mm的半月形状。
* 芹菜叶切成细长条状。

1　将奶油涂抹在一片乡村面包上。
2　排放上布里起司，再叠放上苹果。
3　撒上盐、胡椒以及芹菜叶。
4　另一片乡村面包上也涂抹上奶油，覆盖在夹入的食材上。
5　以帕尼尼（Panini）机加热至酥脆。

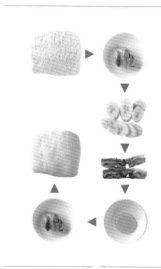

猫王三明治（Elvis sandwich）

在美国是猫王埃尔维斯普雷斯利（Elvis Presley）最喜欢的三明治，
因而称作"猫王三明治"并广为人知。花生酱、香蕉与香脆培根的组合，都是意外的绝妙美味。

材料
面包（11.5cm×10.5cm×4cm） 1个
花生酱 1又1/2大匙
香蕉 1/2根
培根（片状） 2片
蜂蜜 1/2大匙
奶油 少量

* 面包是使用冷冻面团制成的面包。味道近似巧巴达。
* 花生酱使用柔软乳霜状的市售产品。
* 培根煎成香脆状态。

1 面包在常温中解冻，横向分切成2片。在切面上分别涂抹上花生酱。
2 在1片面包上摆满斜切的片状香蕉。
3 再摆上对折的培根。浇淋上蜂蜜。
4 覆盖上另1片面包并夹起食材。
5 上方的面包表面涂抹奶油，放入预热200℃的帕尼尼（Panini）机，烘烤30s。对半分切。

专栏

三明治风味重点① >>> 黄芥末

三角形三明治、汉堡……在多种三明治的制作中都
会使用黄芥末，黄芥末可以让风味更深刻，搭配油
脂较多的食材能够使口感更加爽口。即使统称为黄
芥末，但种类却非常多。最常使用在三明治中的，
一般是以芥菜籽（brown-mastard）制作而成的欧
式芥末。与日本的日式芥末品种不同（日式芥末的
颜色及辛辣味道强烈，不太使用在三明治中）。其
中最常使用以整颗芥菜籽浸渍醋、葡萄酒、盐等制
成的"芥末籽酱"和浸渍后去皮制作成膏状的"黄
芥末酱"，特别是法国第戎（Dijon）地区所产的"第
戎黄芥末酱"，因其柔和的辣味及高雅的香气，最
受欢迎。依使用量不同感受到的香味也会随之改变，
所以请准确掌握特色来使用。

第戎（Dijon）黄芥末
具有独特的柔和轻盈质
感，很容易能涂抹在面
包上。

芥末籽酱
咀嚼时会有粒状口感，
还略有独特的微苦，能
成就三明治突出的风味。

火腿·猪肉·牛肉

ham+pork+beef

丰盛具饱足感的三明治不可或缺的元素，
就是各式火腿或烤牛肉等食材。
近年来火腿或意式腊肠类食品的变化更多，
运用上的乐趣也随之更为宽广。
本章中将提到猪肉就绝不能遗漏的炸猪排三明治也一起介绍。

肉酱三明治（Rillettes casse-croute）

抹酱浓缩了肉类的浓郁及美味，是法国的传统食材，也是法式三明治不可或缺的材料。虽然为了要让肉类熬煮至柔软，能轻易地脱离骨头需要相当长的时间，但可保存的时间较长，一次性地大量制作就很方便了。猪肉、鸭肉及猪油的比例可以依个人喜好，但不要添加太多蔬菜才能长久保存。

材料

法式长棍面包（27cm×5cm×4.5cm） 1条

猪五花肉 2kg

鸭胸肉 1kg

盐 55g

黑胡椒粒 适量

百里香 适量

月桂叶 适量

姜 适量

大蒜 适量

日本酒 适量

猪油 1.4kg

洋葱（切片） 1个

胡萝卜（切片） 1根

3 待猪油融化后，搅拌均匀。使油温保持在90～95℃，油封6～7h。

4 煮至肉品如照片般柔软松散状态时，关火。取出骨头及香料。

7 不时地搅动油脂混拌并放置于冰箱使其冷却凝固。搅动混拌是为了避免存在于油脂内的肉汁与油脂产生分离的状态。

8 少量逐次地将冷却后呈现滑顺状态的油脂混入搅好的肉当中，并以木勺混拌。

1 制作肉酱。猪五花肉和鸭胸肉切成3cm见方的块状。混合盐、黑胡椒粒、百里香、月桂叶、姜、大蒜、日本酒，于冰箱浸渍一夜。

5 用滤网过滤分开油脂和肉类。此时没有必要完全沥干肉类上的油脂。

9 肉酱完成时的状态。

2 在锅内放入猪油加热，使其融化。放入浸渍过的猪肉和鸭肉，切片的洋葱和胡萝卜，大火煮至沸腾。

6 趁热将肉放入食物调理机内，将其搅打成完全松散状态，取出放置于盆内，放凉。若肉上留有筋膜时，则在此时挑取出来。

10 薄薄地涂抹在法式长棍面包上，制作三明治。肉酱若是在表面覆以猪油，阻隔空气接触，可以在冰箱内保存约1个月。

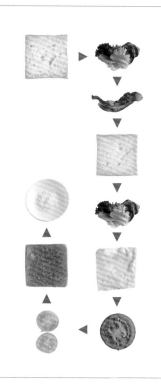

B.L.T. 三明治

以烘烤成正方体的面包来制作，就是充满视觉乐趣的 B.L.T. 三明治了。
夹入煎蛋片，除了柔和整体风味，还更添鲜艳色彩。

Boulangerie Takeuchi

材料
面包（9cm×9cm×3cm） 1 个
绿叶沙拉 适量
培根（片状） 1 片
煎蛋片 1 片
迷你小西红柿（黄） 1 个
西红柿（红） 1 片
第戎黄芥末 适量
芥末籽酱 适量
帕玛森起司 适量
黑胡椒 适量

* 面包是将吐司面团放入立方体模具中烘烤而成。
* 绿叶沙拉由皱叶生菜、苦菊和羊齿菜混合。
* 培根烤成香脆状态。
* 煎蛋片是将蛋打散后，煎成薄片状态。

1 面包横向分切成 3 等份。最下方的面包切面薄薄涂抹上第戎黄芥末。摆放上绿叶沙拉，叠放上对折的培根，涂抹上第戎黄芥末再撒上黑胡椒。
2 叠放上中间的面包片，上面涂抹上第戎黄芥末。摆放上绿叶沙拉、煎蛋片、西红柿、切成一半的迷你小西红柿，再涂上芥末籽酱。
3 覆盖上最上方的面包片，在整体表面撒上帕玛森起司和黑胡椒。

俱乐部总汇三明治（Club Sandwich）

两种火腿与煎烤得香脆的培根，放上巧达起司烘烤、
夹入蔬菜的独特原创俱乐部总汇三明治。培根爽脆的口感是最大特色。

FUNGO

材料

裸麦面包（20cm×7cm×6cm） 1/2 条
绿叶沙拉 20g
皱叶生菜 2 片
西红柿（片状） 3 片
洋葱（片状） 适量
小黄瓜（片状） 3 片
火鸡肉片（片状） 2 片
里脊火腿片（片状） 2 片
培根（片状） 2 片
巧达起司（片状） 1 片
白葡萄酒、水 各少量
芥末籽酱 1 小匙
奶油 1 大匙

* 绿叶沙拉是洋葱与酸黄瓜（比例 2:1）随意切碎后，加入美乃滋、橄榄油、巴萨米克醋、西红柿酱、盐、胡椒、柠檬汁，放入食物调理机搅拌，再以美乃滋将其稀释调合。

1 裸麦面包横向分切成 2 片。在切面上涂抹奶油放置于铁板煎烤（家里可用平底锅代替），覆盖半圆形盖子，仅烘烤切面。

2 重复叠放上对折的火鸡肉片、里脊火腿片和香脆的培根，覆盖上巧达起司，放置于铁板以小火煎烤（家里可用平底锅代替），浇淋上用水稀释过

的白葡萄酒，加盖煎烤。

3 将塔塔酱涂抹在 1 片面包上。

4 皱叶生菜 2 片叠放之后，依序放置上西红柿、洋葱和小黄瓜，再摆放上煎烤过的 2。

5 在另 1 片面包上涂抹芥末籽酱，覆盖叠放。对半分切。

特制盐渍牛肉三明治（Special Corn Beef Sandwich）

夹着风味与面包融合为一，口感润泽柔软的家庭自制盐渍牛肉。
铁板煎烤时，可以配合面包的大小整合形状，将盐渍牛肉扎实地填入每个空隙。

Baker Bounce

材料
吐司（15cm×15cm×0.5cm）　2 片
盐渍牛肉　150g
格鲁耶尔起司（Gruyère）（片状）
3 片
生菜　1 片
西红柿（片状）　1 片
洋葱（片状）　1 片
美乃滋　1 小匙
奶油　适量

* 盐渍牛肉是将牛肩肉放入大量热水中，以极小的火煮 5 ~ 6h。当肉块变得柔软后，将肉块搅散，以盐和胡椒调整风味，放入冰箱保存。

1　将 2 片吐司放至铁板上煎烤（家用以平底锅代替）。

2　将盐渍牛肉放至铁板上，配合面包的形状加以整形并煎香。

3　西红柿切成 5mm 厚的片状，洋葱切成 1 ~ 2mm 的片状。配合面包大小地折叠生菜。

4　在烘烤好的 1 片面包单面涂抹奶油，摆放上格鲁耶尔起司并放置于铁板上温热。

5　盐渍牛肉摆放在起司上。

6　依序叠放上生菜、西红柿、洋葱，再将另 1 片面包涂抹奶油并覆盖在食材上。用牙签固定后分切成 2 等份。

鸭肉与猪肉抹酱法式长棍面包三明治

外皮柔软的软质法式长棍面包，烘烤后更好吃。
涂抹上大量口感滑润的抹酱，搭配条状酸黄瓜的酸味更烘托出整体的美味。

DEAN & DELUCA

材料
软质法式长棍面包（18cm×6cm×6cm）
1条
鸭肉与猪肉抹酱　2大匙
条状酸黄瓜　4条
苦菊　适量
洋葱（切碎）　1大匙
黄芥末　适量
黑胡椒　适量

* 鸭肉与猪肉抹酱是将大蒜、洋葱、芹菜切碎炒香，接着放入切成块状的猪梅花肉和切成块的带骨鸭肉，加进足以淹没食材的水分，添加少量的白酒，煮至软烂，大约需4h。将肉汤和肉分开，用料理机打散肉，同时少量逐次地添加肉汤进行混合。以压碎的黑胡椒和盐进行调味，搅拌至呈现适当硬度时，倒入模具放置一夜。

1　软质法式长棍面包横向划切出切口（不要切断）。
2　翻开切口，在切口涂抹黄芥末。底部面包再涂上鸭肉与猪肉抹酱，排放上条状酸黄瓜。
3　摆入苦菊，散放洋葱。撒上黑胡椒。

香脆培根 & 南瓜起司三明治

风味柔和的南瓜和香脆的培根真是最佳组合。
葡萄干清爽的甘甜，搭配奶油起司的浓郁，让人百吃不厌。

JUNOESQUE BAGEL 自由之丘店

材料
贝果（10cm×10cm×3cm） 1个
皱叶生菜 2片
南瓜沙拉 50～60g
葡萄干 10粒
培根（片状） 3片
奶油起司 1大匙

* 使用添加了南瓜风味的贝果。
* 南瓜沙拉是将带皮烫煮的南瓜压碎后，混拌上美乃滋和胡椒制作而成。
* 培根煎烤得香脆后，再撒上黑胡椒备用。

1 贝果横向分切成两片，底部的贝果上铺放皱叶生菜。
2 摆放上南瓜沙拉并均匀摊平，撒上葡萄干。
3 排放煎烤得香脆的培根。
4 在上部贝果内涂抹奶油起司，叠放上去。

黑胡椒火腿乡村面包三明治

黑胡椒火腿的浓郁风味、蔓越莓爽口的酸味，
与黄芥末的辛辣十分契合，是简单却令人印象深刻的三明治。

Boulangerie Takeuchi

材料

乡村面包（17cm×12cm×2.5cm）　1片
奶油起司　1大匙
蔓越莓干　约10颗
绿叶沙拉　适量
黑胡椒火腿（片状）　1片
嫩叶芥菜（Mustard greens）　1～2片
帕玛森起司　适量
橄榄油　适量

* 绿叶沙拉请参照 28 页。

1　乡村面包横向划切出切口（不要切断）。底部面包上涂抹奶油起司。
2　撒放蔓越莓干，叠放上绿叶沙拉。
3　对半分切黑胡椒火腿，叠放夹入。
4　夹入嫩叶芥菜，撒上帕玛森起司。
5　将橄榄油淋在嫩叶芥菜上。

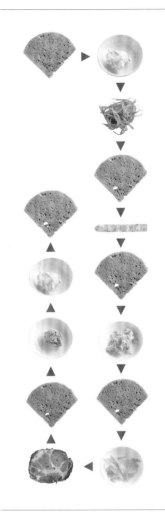

超豪华版优格裸麦三明治

"优格裸麦面包"是 Zopf 店独创的裸麦面包。
将蔬菜、火腿和起司重叠起来共 5 层,是超豪华版的三明治。

Zopf

材料
裸麦面包(直径 30cm 的半圆形面包切出 1/4,再片成 5mm 的薄片) 6 片
综合抹酱 适量
香炒胡萝卜姜丝 25g
白色香草维也纳香肠 1/2 根
德国酸菜 30g
米摩勒特起司 Mimolette(片状) 适量
黑胡椒火腿(片状) 1 片
猪肉抹酱 1 大匙

* 裸麦面包使用 Zopf 店内原创,名为"优格裸麦面包"的产品。

* 综合抹酱请参照 18 页。

* 德国酸菜,是在平底锅中加热猪油,拌炒切成火柴棒粗细的培根和洋葱,加入市售的德国酸菜,添加白酒、月桂叶、杜松子,煮 5 ~ 10min 正是能保留恰到好处口感的时间,以盐和胡椒调味。

* 猪肉抹酱是以 500g 猪肉(瘦肉),以 350g 的猪油进行 3 ~ 4h 的油封调理,以盐和胡椒调味,搅散瘦肉,降温放凉后制作成的膏状保存备用。

1 将综合抹酱涂抹在裸麦面包会与食材接触的所有表面。

2 在最底层的面包上面摆放香炒胡萝卜姜丝,覆盖上面包。之后依序在食材间夹入面包,顺序为白色香草维也纳香肠片、德国酸菜、黑胡椒火腿和切成薄片的米摩勒特起司、猪肉抹酱,再覆盖上最后一片裸麦面包。

热烤熏牛肉三明治

美式三明治中最基本的食材就是熏牛肉,是牛肉腌制后再烟熏制作而成的牛
肉加工制品。建议搭配裸麦面包食用。

FUNGO

材料
裸麦面包（20cm×7cm×6cm）
1/2 条
皱叶生菜　2 片
西红柿（片状）　3 片
洋葱（片状）　适量
熏牛肉（片状）　10 片
美乃滋　适量
芥末籽酱　1 小匙
奶油　1 大匙

* 西红柿切成 5mm 厚的半月形。

1　裸麦面包横向切成 2 片。面包的切口表面涂抹奶油放于铁板上（家用以平底锅代替），盖上半圆形盖子仅烘烤涂了奶油的那一面。

2　在上述面包表面涂抹美乃滋,铺上皱叶莴苣,再摆放西红柿和洋葱。

3　熏牛肉 2 片层叠铺放在铁板上,加热至出现香味且烤热的状态,叠放在 2 上。

4　另一片裸麦面包涂上芥末籽酱,叠放在 3 上。对半分切。

萨瓦（Savoie）

拌炒至入味呈焦糖色的洋葱，就是美味的重点。
烟熏火腿和埃曼塔起司，更能衬托出洋葱的甜美滋味。

材料

佛卡夏 Focaccia（13.5cm×9cm×3.5cm） 1个

奇普里亚尼酱汁（Cipriani sauce）1.5 大匙

皱叶生菜 1片

烟熏火腿（片状） 3片

埃曼塔起司 Emmental（片状） 15g

炒洋葱 1/6 个

* 佛卡夏是冷冻面团在室温下解冻。

* 奇普里亚尼酱汁，是为减弱美乃滋的酸味而添加适量鲜奶油，再少量逐次地添加黄芥末和白兰地以调整风味。

* 炒洋葱，是将切成薄片的洋葱放进滴有橄榄油的平底锅内，仔细拌炒至褐色。

1 佛卡夏横向分切成2片，切面上分别涂抹奇普里亚尼酱汁。

2 在底部的面包表面铺放皱叶生菜，摊放烟熏火腿，避免重叠地排放埃曼塔起司。

3 散放炒洋葱。

4 盖上另一片面包，放入预热200℃的帕尼尼（Panini）机加热约30s。对分半切。

长面包综合三明治

里脊火腿片、蔬菜和起司的组合，是最正统的三明治。
使用了大量火腿，展现出丰盛的美味。

PAUL 六本木一丁目店

材料

法式长棍面包（24cm×4.5cm×3.5cm）
1条
皱叶生菜　1片
西红柿（片状）　3片
火腿（极薄切片）　4片
埃曼塔起司 Emmental（片状）　2片
奶油　适量

* 西红柿切成 5mm 厚的半月形。

1　法式长棍面包横向切出切口（不要切断）。
2　翻开切口，仅在底部面包的气孔里涂抹大量奶油。
3　摆放皱叶生菜、西红柿。
4　排放上极薄的火腿片、埃曼塔起司，闭合面包切口。

巧达起司烤火腿三明治

里脊火腿片和巧达起司组合的简单三明治。
英式玛芬的香气及蔬菜的爽脆口感正是美味精华。

BAGEL

材料
英式玛芬（7cm×7cm×2.5cm） 1个
皱叶生菜 1片
小黄瓜（片状） 2片
里脊火腿（片状） 1片
巧达起司（Cheddar）（片状） 1片
奶油 适量
芥末籽酱 适量
美乃滋 适量

1 英式玛芬横向划切出切口（不要切断）。
2 翻开切口，底部的面包表面涂抹奶油和芥末籽酱，铺放皱叶生菜。
3 排放小黄瓜，再涂抹美乃滋。
4 火腿片对折后摆放，巧达起司也对折后叠放。闭合面包切口。

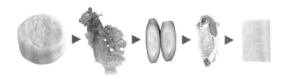

三种火腿白面包三明治

生火腿、里脊火腿、意式腊肠，可以一次品尝到三种风味的三明治。
口感柔软的面包最适合搭配略带咸味的火腿。

PAUL 六本木一丁目店

材料
白面包（14cm×14cm×3cm）　1 片
皱叶生菜　1 片
生火腿（Prosciutto）（片状）　1 片
里脊火腿（Loin ham）（片状）　2 片
意式腊肠（Salami）（片状）　1 片
奶油　适量

* 白面包是用近似法式长棍面包面团，经轻度烘焙而成的风味简朴的面包。

1　白面包横向分切成 2 片。
2　底部的面包气孔里涂抹大量奶油。
3　摆放上皱叶生菜，由左起地依序摆放上对折的生火腿、里脊火腿、意式腊肠。
4　覆盖另一片面包夹住食材。

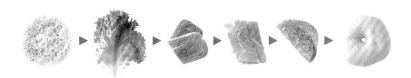

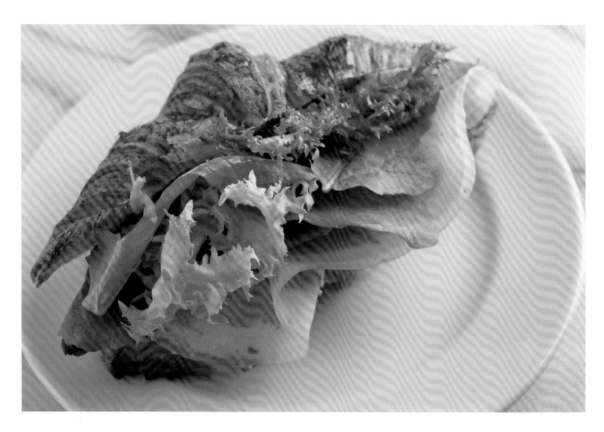

熟火腿片 & 巧达起司可颂三明治

与生火腿有着不同美味的熟火腿片与巧达起司的组合，
不仅口感丰富，还有大量的新鲜蔬菜。

DEAN & DLUCA

材料
可颂（17cm×17cm×6cm） 1个
熟火腿片（Prosciutto crudo） 3片
巧达起司 1片
芝麻叶 适量
苦菊 适量
黄芥末 1小匙
美乃滋 适量

＊熟火腿片用的是意大利产的加热火腿。

1 可颂横向划切出切口（不要切断）。翻开切口，在底部面包表面涂抹黄芥末。
2 叠放卜熟火腿片和巧达起司，涂上美乃滋，依序夹入芝麻叶和苦菊。

长面包生火腿三明治

"Jambon Cm"，就是单纯地品尝生火腿美味的朴质三明治。
大量涂抹上奶油产生的温和口感平衡了西红柿的酸味，正是本三明治的特色。

PAUL 六本木一丁目店

材料
法式长棍面包（24cm×4.5cm×3.5cm）
1条
皱叶生菜　1片
西红柿（片状）　3片
生火腿 Prosciutto　1片
奶油　适量

1　法式长棍面包横向划切出切口
（不要切断）。
2　翻开切口，在底部面包气孔里涂
抹大量奶油。
3　摆放上皱叶生菜，排放西红柿片。
4　夹入生火腿，闭合面包切口。

烟熏生火腿巧巴达三明治

为了能品尝出生火腿本身的美味，尽可能选用简约的食材来搭配。
芝麻叶和帕玛森起司是三明治的终极组合，大量加入让口感更为丰富。

DEAN & DELUCA

材料
巧巴达（Ciabatta）（12cm×12cm×8cm）
1 个
芝麻叶　适量
生火腿（Prosciutto）　1 片
帕玛森起司粉（Parmesan）　1/2 大匙
黑胡椒　适量
橄榄油　适量

1　巧巴达横向划切出切口，翻开切口涂抹橄榄油。
2　依序重叠地铺放芝麻叶、生火腿、芝麻叶。撒上帕玛森起司粉和黑胡椒，闭合面包切口。

生火腿三明治

以 Zopf 的原创"Z 酵母吐司"制作的三明治。
和生火腿一起夹入的自制半干燥西红柿，更是最佳提味成分。

Zopf

材料
吐司（16cm×13cm×1.3cm） 2 片
综合抹酱　1 大匙
黄芥末　少量
生火腿 Prosciutto　3 片
皱叶莴苣　2 片
紫洋葱（片状）　1 片
半干燥西红柿　1 中匙

* 吐司使用 Zopf 的原创"Z 酵母吐司"。重且黏的面团，烘烤出柔和香气及柔软口感，是最大的特色。
* 综合抹酱请参照 18 页。
* 半干燥西红柿是将迷你小西红柿去蒂切成 4 等分。带皮面朝下地排放在烤盘上，放入 110～120℃的烤箱内，加热烘烤 1～2 小时（在店内是利用烘烤面包后的余温制作）。添加盐、胡椒和蒜泥至橄榄油内，西红柿连同少量的炸洋葱一起放入橄榄油内浸渍。

1　混合综合抹酱和黄芥末，涂抹在二片吐司的单面。
2　在一片吐司上摆放生火腿，再铺放皱叶莴苣，叠上紫洋葱，散放半干燥西红柿，再覆盖另一片吐司夹住食材。

生火腿芝麻叶牛奶长面包

生火腿与芝麻叶的基本款组合，搭配具提味效果的浓郁甜椒西红柿酱汁，
以直筒状的面包做出的美式三明治。

Boulangerie Takeuchi

材料
核桃面包（30cm×4.5cm×4.5cm）
1 条
甜椒西红柿酱汁　2 大匙
帕玛森起司粉（Parmesan）　适量
芝麻叶　12 片
生火腿（Prosciutto）　1 片
橄榄油　适量
黑胡椒　适量

* 面包使用加入核桃烘烤成长棒状的面包。
* 甜椒西红柿酱汁，是以红甜椒和西红柿（等量）、罗勒、少量的大蒜、松子，一起放入食物料理机内搅打，再少量逐次加入橄榄油使其乳化，以盐和少量的糖调味而成。

1　核桃面包横向分切成两片。在底部的面包切面薄薄地涂抹甜椒西红柿酱汁。
2　稍稍撒上帕玛森起司粉，放入250℃的烤箱内烘烤约 2min。
3　在烤过的面包上，以相同方向排放上芝麻叶。
4　生火腿对折地排放在芝麻叶上，撒上橄榄油。
5　撒帕玛森起司粉和黑胡椒，覆盖上另一片面包。

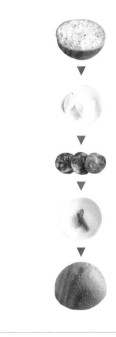

胚芽圆面包夹西班牙腊肠三明治

奶油起司使辣味的伊比利亚猪肉腊肠更加柔和。
外形小巧可当点心食用，也是一款很适合搭配白酒的三明治。

Boulangerie Takeuchi

材料

胚芽面包（8cm×8cm×8cm）　1个
奶油起司　1大匙
西班牙腊肠（Chorizo）（片状）　3片
条状酸黄瓜　1条

* 西班牙腊肠使用伊比利亚猪制成。

1　烘烤成圆形的面包横向分切成两片。
2　在底部面包表面涂抹奶油起司。
3　排放上西班牙腊肠和纵向对切的条状酸黄瓜。
4　覆盖上另一片面包夹住食材。

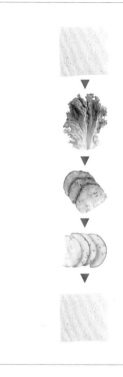

苹果与烤猪肉三明治

自制烤猪肉片和香煎苹果的组合。苹果的酸甜非常适合搭配猪肉。

避免过度加热苹果，保留苹果爽脆的口感是制作的重点。用柠檬汁来提味使成品更加爽口。

Zopf

材料

吐司（13cm×13cm×1.6cm）　2片

皱叶生菜　1片

烤猪肉（片状）　60g

香煎苹果　35g

人造奶油　适量

黑胡椒　适量

* 烤猪肉，是将切成大块的洋葱、胡萝卜、月桂叶铺放在方型浅盘上，再摆放上用绵线绑好的猪里脊肉块，放入约230℃的烤箱加热30min，烘烤完成静置15min后取出，覆盖上棉布略加静置，再进行切片。

* 香煎苹果，将苹果带皮切成一口可食用的大小，用加热的奶油香煎苹果，浇淋白葡萄酒拌炒，完成时滴入柠檬汁。因为一旦放置后苹果表皮的红色会渗入果肉，因此每日只制作所需的分量。

1　在二片吐司的单面涂抹人造奶油。

2　在一片吐司上铺放皱叶生菜。

3　烤猪里脊肉片略加重叠地堆排，并撒上黑胡椒。

4　摆放上香煎苹果，撒上黑胡椒。切开时可以看见横切面地以相同方向排放。

5　覆盖另一片吐司夹住食材。

波隆那（Bologna）三明治

包入了熬煮一个半小时的综合绞肉炖菜的三明治。
分量十足，最适合当午餐。让炖菜熬煮至入味就是秘诀。

材料
面包（11.5cm×10.5cm×4cm）　1个
皱叶生菜　1片
综合绞肉炖菜　100g
西红柿（片状）　3片

*面包请参照 22 页。
*综合绞肉炖菜，加热 1 瓣大蒜（切碎）和橄榄油，充分拌炒 1 个洋葱（切碎），加入综合绞肉（猪牛等量）1kg、西红柿（切块）200g 一起拌炒，注入足以覆盖食材的综合高汤（以肉类和蔬菜提炼出的高汤），加入盐、胡椒、月桂叶，熬煮 90min。制作完成后，以 100g 为 1 人份分别冷冻保存。

1　面包以常温解冻，横向分切成两片。
2　在一片面包上铺放皱叶生菜，再摆放上综合绞肉炖菜。
3　摆放上西红柿。
4　覆盖上另一片面包，放入 200℃的帕尼尼 Panini 机烘烤约 30s，对半分切。

烤牛肉三明治

柔润多汁的自制烤牛肉，略加烘烤后制作而成的三明治。

烤牛肉每天制作当天现烤。

FUNGO

材料

全麦面包（12cm×12cm×5cm）　1个

皱叶生菜　2片

西红柿（片状）　3片

洋葱（片状）　适量

烤牛肉（片状）　3片

奶油　1大匙

美乃滋　适量

芥末籽酱　1小匙

* 西红柿切成 5mm 厚的半月形。

* 烤牛肉，是将 1kg 的牛里脊肉块抹上盐、胡椒，卷起并绑上绵线。表面煎至上色后，连同胡萝卜、洋葱、芹菜等香料蔬菜一起放入 230℃ 的烤箱烘烤 15min，接着以 180℃ 继续烤 30min。冷却后切成 5mm 厚的片状。

1　全麦面包横向分切成两片，在切面上涂抹奶油。

2　在一片面包上涂抹美乃滋，将二片皱叶生菜叠放在面包上。

3　摆放上西红柿、洋葱，将烤牛肉片以交叠方式排放。

4　在另一片面包上涂抹奶油和芥末籽酱，叠放在步骤 3 的上方，对半分切。

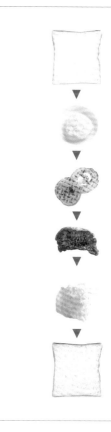

烤牛排马铃薯泥三明治（Steak & Roasted Mashed Potatos）

使用大块牛肋排制作，饱腹感十足的一款三明治。
将牛肋排分切成两片，配合面包大小略加叠放，更能突出其分量。

Baker Bounce

材料
吐司（15cm×15cm×0.5cm） 2 片
薯泥 1 勺
洋葱（片状） 2 片
牛肋排 100g
生菜 1 片
奶油 适量

* 薯泥是将蒸过的马铃薯去皮，加入盐、胡椒和奶油压碎混拌而成。

1 将牛肋排肉片撒上盐和胡椒，放在网架上烘烤。
2 洋葱切片放在网架上烘烤至呈现烘烤色泽。
3 薯泥放置于铁板上（家用以平底锅代替），温热。
4 在铁板上烘煎吐司，每片单面涂抹奶油。

5 将温热的薯泥摊放在一片吐司表面，摆放烤过的洋葱。
6 牛肋排切成一半，排放在洋葱上方，使具略呈叠放状营造出分量感。
7 摆放生菜，再覆盖另一片吐司，用牙签固定后对半分切。

特制猪排三明治

具柔嫩嚼感特征的里脊肉猪排三明治，在前一天的手揉作业是制作关键。静置于冰箱一夜，使肉质能恰如其分地紧实，完成柔软度适中的猪排三明治。猪肉不需要预先调味，搭配特制酱汁和塔塔酱享用。

材料

吐司（13cm×10cm×1.5cm）
3 片
猪里脊肉　3 片（1 片 50g）
面粉　适量
蛋液　适量
面包粉　适量
圆白菜（切丝）　2 大匙
人造奶油　适量
塔塔酱　2 大匙
酱汁　2 大匙

* 塔塔酱，混合自制美乃滋 6kg 和市售美乃滋 6kg 做为基底，加入切碎的 300g 酸黄瓜、4 个洋葱、12 个水煮蛋、1 个红椒、1.5 瓣大蒜、适量的巴西利，与 1/4 个苹果泥、1/2 个柠檬、1 个水煮西红柿、100ml 白葡萄酒、100ml 牛奶、2 小匙含糖炼乳、盐和胡椒一同混拌。

* 酱汁，是调合 8 种市售酱汁为基底，再添加上巨峰等数种水果和甜酸酱（Chutney）等制作而成。家庭可使用市售猪排酱。

3

因为肉块会释放出水分，以纸巾盖住肉片，静置于冰箱中一夜。

7

放上圆白菜丝用双手按压使圆白菜丝与面包紧密贴合。

4

撒上面粉，并拍落多余的面粉。沾裹蛋汁、面包粉整合形状。配合面包的形状将肉片整型是重点。

8

在肉块的单面浇淋上酱汁，将酱汁面朝下地摆放在面包上。另一面也浇淋上酱汁，再覆盖吐司夹住食材。

1

猪里脊肉分切成 50g 大小，将肉块纤维呈纵向方式摆放，再敲打拍松。

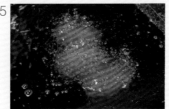

5

放入约 170℃的油（色拉油和猪油）中油炸。当肉块呈焦黄色，约至 9 分熟时取出。沥干多余的油分，利用余温使其完全熟透。

9

轻轻按压使食材紧实。

2

用手指感按揉肉块使其软化。整形成与面包相同的大小。

6

切下吐司边，在内侧表面涂抹人造奶油。纵向对半分切。在三片面包的表面涂抹塔塔酱。

10

纵向对半分切，盛盘。此时没有涂抹塔塔酱的吐司面容易松散，所以盛盘时为避免崩散，请注意不要让这一侧的吐司朝外。

特制厚切里脊猪排三明治

直接夹入厚切炸里脊猪排的三明治。因含较多脂质的里脊肉
最适合搭配口感爽脆的圆白菜，因此必须注意不要压扁摆放好的圆白菜丝。

KATSU 城

材料

吐司（13cm×10cm×1.5cm） 2片
猪里脊肉 1片（约130g）
面粉 适量
蛋液 适量
面包粉 适量
圆白菜（切丝） 2大匙
人造奶油 适量
塔塔酱 1大匙
酱汁 2大匙

* 塔塔酱请参照50页。
* 酱汁请参照50页。

1 前一晚先用刀子切断猪里脊肉筋膜（特别是肉与脂肪间的筋膜很硬要多加注意），用手指抓揉以软化肉质。

2 依序沾裹上面粉、蛋液、面包粉，放入170℃的热油中油炸。当炸至8分熟时，即可取出，沥干多余的油脂，利用余温使其完全熟透。

3 切除吐司边，略加烤制并注意不需要烤至上色。一片面包的单面涂抹上人造奶油、塔塔酱。为避免圆白菜失去爽脆口感，需直接切好摆放。

4 在炸里脊猪排的单面浇淋上酱汁，将酱汁面朝下地摆放在圆白菜上。另一面也浇淋上酱汁，再覆盖上吐司夹住食材。

5 分切成3等份，盛盘。

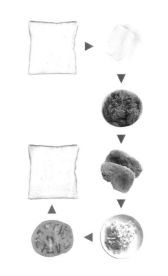

猪排三明治（Katsu Sandwich）

以猪里脊薄片酥炸而成的猪排，二片层叠创造出饱腹感无可挑剔的完美三明治。
利用绞肉制作的特制猪排酱，能尝到凝聚其中的甜美滋味，是猪排的绝配。

Baker Bounce

材料
吐司（15cm×15cm×0.5cm）　2片
格鲁耶尔起司（Gruyère）　3片
猪排酱　2大匙
炸里脊猪排　2片
圆白菜（切丝）　适量
西红柿（片状）　2片

*猪排酱，是将综合绞肉以油脂拌炒，添加整颗水煮西红柿边煮边搅散。以盐和胡椒调味，熬煮至水分完全收干。待降温后放入冰箱保存备用。

*炸里脊猪排，将猪里脊肉切成薄片(2～3mm厚)，裹上面粉、蛋液、面包粉油炸。

*圆白菜切成丝，与美乃滋混拌。

*西红柿切成5mm厚的片状。

1　猪排酱放在铁板（家里可用平底锅代替）上，边搅散边加热。

2　吐司二片也放在铁板上（家里可用平底锅代替）烘热。在一片吐司的单面涂抹奶油，再摆放格鲁耶尔起司加热。

3　将猪排酱浇在2的表面，摆放上炸里脊猪排。

4　叠放上圆白菜丝和西红柿片，另一片吐司上涂抹奶油后覆盖在食材上。刺入牙签固定，对半分切。

炸鸡排三明治

将鸡腿肉表皮刺出孔洞，易于咀嚼，可以制作出更容易食用的三明治。
本款的制作诀窍，就在于涂抹大量的塔塔酱。

KATSU 城

材料
吐司（13cm×10cm×1.5cm） 2 片
鸡腿肉 1 片
面粉 适量
蛋液 适量
面包粉 适量
圆白菜（切丝） 2 大匙
人造奶油 适量
塔塔酱 2 大匙
酱汁 1 大匙

酱汁 1 大匙
* 塔塔酱请参照 50 页。
* 酱汁请参照 50 页。

1 制作炸鸡排。鸡腿肉切除多余的
油脂，切断筋膜。使用菜刀的刀根
在表皮切出几个小孔。
2 依序沾裹上面粉、蛋液和面包粉，
放入 170℃的油锅中油炸。炸热后，
沥干多余的油脂。

3 切除吐司边。略微烤制吐司片并
注意不要烤制上色，在两片面包的
单面涂抹上人造奶油，其中一片再
涂上塔塔酱，摆放圆白菜丝。
4 在炸鸡排的单面浇淋上酱汁，将
酱汁面朝下地摆放在圆白菜上，另
一面也浇淋上酱汁，再覆盖吐司夹
住食材。分切成 3 等份。

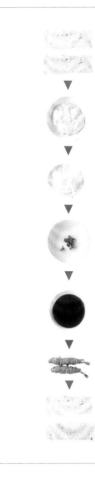

炸虾三明治

将炸虾整条完整地夹入长方形吐司内，是一款有着独特形状的三明治。
沾裹面包粉时的整型是制作的重点。

KATSU 城

材料
吐司（13cm×10cm×1.5cm） 2片
鲜虾 2条
面粉 适量
蛋液 适量
面包粉 适量
洋葱（片状） 2片
巴西利（切碎） 少量
人造奶油 适量
塔塔酱 2大匙
酱汁 1大匙

*塔塔酱请参照 50 页。
*酱汁请参照 50 页。

1　鲜虾去壳留尾取出泥肠，在虾腹斜切出切纹。

2　依序沾裹上面粉、蛋液和面包粉，为方便定型夹需略加按压。以 170℃的热油酥炸，炸熟后，沥干多余的油脂。

3　切除吐司边，纵向对半分切，略加烤制并注意不要烤制上色，在两片面包的单面涂抹上人造奶油，再涂上塔塔酱。

4　在其中一片散放上洋葱和巴西利。在炸虾的单面浇淋上酱汁，将酱汁面朝下地摆放在面包上，另一面也浇淋上酱汁，用另外一片面包夹住食材，对切。

鸡肉·鸡蛋

chicken+egg

烤鸡肉搭配照烧鸡肉。
使用大家熟知的鸡肉料理制作的三明治，
无论哪一款都是高人气商品。
清淡的鸡肉是易于与其他食材搭配的肉类。
大家喜爱的蛋类三明治也在此一并介绍。

萨默塞特（Somerset）

包夹在中央的巧达起司不会融化成黏呼呼的状态，
恰到好处地与鸡肉形成滑顺柔和的美味。

BETTER DAYS

材料

佛卡夏(Forcaccia)(13.5cm × 9cm ×
3.5cm)　1 个

奇普里亚尼酱汁（Cipriani sauce）
1.5 大匙

皱叶生菜　1 片

咖喱鸡肉　50g

西红柿（片状）　3 片

巧达起司 Cheddar（片状）　15g

* 佛卡夏 Forcaccia 请参照 36 页。

* 奇普里亚尼酱汁（Cipriani sauce）请参照
36 页。

* 咖喱鸡肉是将鸡胸肉蒸熟后，去皮撕成细
丝。在奇普里亚尼酱汁中加入喜好的适量咖
喱粉充分混拌后，再将鸡肉与酱汁一起混拌。

1　在常温中解冻佛卡夏，横向分切
成两片。

2　在面包切面分别涂抹上奇普里亚
尼酱汁。

3　在底部面包表面摆放皱叶生菜，
排放咖喱鸡肉。

4　摆上西红柿，避免重叠地排放巧
达起司。

5　用另一片佛卡夏包夹，以预热
200℃的帕尼尼机烘烤约 30s。分切
成方便食用的大小。

香草烤鸡法式长棍三明治

衬托出香草气息，又有滋润口感的烤鸡，
搭配普罗旺斯炖菜，更成为分量十足口感丰富的三明治。

DEAN & DELUCA

材料
软质法国长棍面包（18cm×6cm×6cm）
1个
香草烤鸡（片状）　3片
普罗旺斯炖菜（ratatouille）　2大匙
苦菊　适量

* 香草烤鸡，鸡胸肉加盐揉制后静置一夜。
用数种香草调制而成的调味料涂抹在表皮，
放入低温烤箱中烘烤而成。

* 普罗旺斯炖菜，将红、黄椒和节瓜切成一
口食用的大小，以橄榄油香煎。加入西红柿
酱汁、普罗旺斯香草、百里香和罗勒等，炖
煮至柔软。

1　软质法国长棍面包横向划切出切
口（不要切断）。

2　翻开切口，排放香草烤鸡，再摆
放普罗旺斯炖菜，夹入苦菊，闭合
面包切口。

特级增量三明治（Extra–Heavy）

烟熏鸡肉、茄子、香菇、声颂起司、干燥西红柿这些出乎意料的组合。
沙拉酱汁浇淋在面包上，更能增加面包润泽的口感。

BAGEL

材料
农家面包（Rustic Bread）（13cm×
11cm×6cm） 1个
色拉酱汁 2大匙
半干燥西红柿 3个
香煎茄子 1条
烟熏鸡肉（市售） 50g
煎香菇 1~2个
声颂起司（Sams cheese）（片状）
2片
奶油 适量
美乃滋 1小匙

* 沙拉酱汁使用市售无油型（Non oil type）
制品。
* 半干燥西红柿是将迷你小西红柿对半切开，
撒盐，放入150℃烤箱内烘烤1小时，使其
干燥制成。
* 茄子纵向切成片状，以橄榄油香煎。
* 煎香菇，是将香菇切片，用橄榄油香煎，
并以盐和胡椒调味。
* 声颂起司（Sams cheese）是荷兰产的半
硬质起司。

1 面包横向划切出切口（不要切
断）。
2 翻开切口，在两个切面涂抹奶油，
浇淋沙拉酱汁。
3 排放上半干燥西红柿、香煎茄子。
4 叠放上烟熏鸡肉，涂抹美乃滋。
5 排放煎香菇，再叠放声颂起司，
闭合面包切口。

油封嫩鸡三明治

夹入了油封鸡肉、香煎马铃薯和菇类，分量十足的三明治。
烹调得香脆的鸡皮正是美味来源。

Monsieur Soleil

材料
热狗面包（15cm×6cm×5cm）　1条
香煎马铃薯和菇类　100g
油封鸡肉　2片
香煎四季豆　3根

* 面包使用佛卡夏面团，烘烤成热狗面包的形状，并以帕尼尼 Panini 机制作烘烤纹。

* 香煎马铃薯和菇类。马铃薯切成块状（1/2个），以较多奶油仿佛油封般地加热，以盐、胡椒和大蒜调味，待开始呈色后加入一片培根（切段）炒香即可完成。菇类使用舞菇、香菇、鸿喜菇、杏鲍菇等（25g）。用橄榄油拌炒菇类至水分蒸发，呈现香脆状态后，加入盐和胡椒调味，拌入油渍胡萝卜即完成。与油封马铃薯混拌，再拌入巴西利末。

* 鸡腿肉用盐和胡椒以 90℃左右的油脂，油封至鸡肉柔软为止。以平底锅用小火，从鸡

皮开始煎至香脆后翻面，两面都要煎。

* 四季豆用盐水烫煮后，以奶油香煎。

1　面包纵向划切出切口（不要切断）。

2　打开切口，将香煎马铃薯和菇类填入其中。

3　夹入去骨的油封鸡肉，再夹入香煎四季豆。

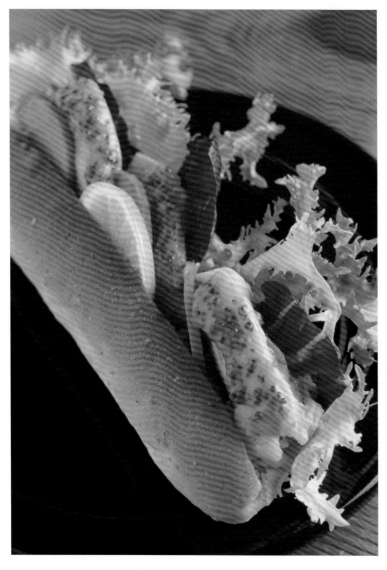

油封鸡肉热狗面包三明治

借由油封烹调使鸡肉柔软多汁，即使夹在面包当中也非常方便食用。
甜味黄芥末和自制的醋渍胡萝卜，增添酸甜滋味，丰富又爽口。

Zopf

材料

热狗面包（20cm×5cm×6cm）　1条
绿叶沙拉　适量
油封鸡肉　3片（1个约15g）
醋渍胡萝卜　3片
柠檬（片状）　1片
蜂蜜黄芥末　1大匙
人造奶油　适量

* 面包使用自制石臼碾磨的粉类制成。滋味丰富是其特征。

* 绿叶沙拉是苦菊和紫色生菜的混合沙拉。

* 油封鸡肉，将鸡腿肉切成易于食用的大小，用盐、百里香、大蒜和黑胡椒搓揉，并腌渍一夜。除去盐和香草后，放入锅中以90℃的橄榄油进行1个半小时的油封烹调。

* 醋渍胡萝卜，将切片的胡萝卜放入含盐10%的盐水内浸泡1小时，拭干水分后放入腌渍醋液中浸渍2~3天。腌渍醋液由500ml的醋、100ml的白葡萄酒、400ml的水、1根红辣椒、1.5小匙的盐、170g的砂糖、8颗丁香、2片月桂叶、1大匙绿胡椒，煮沸后放凉制成。

* 蜂蜜黄芥末是混拌蜂蜜与芥末籽酱制成。

1　面包划切出切口，中间涂抹人造奶油。

2　铺放绿叶沙拉，排入油封鸡肉，插入醋渍胡萝卜和柠檬片，并将蜂蜜黄芥末涂在油封鸡肉上。

莎莎酱鸡肉卷

以高营养价值的全麦面粉配方制作包卷用的面饼，香气十足。
独创的莎莎酱添加红辣椒，制作出辛辣风味。

Zopf

材料
包卷用面饼（20cm×20cm×0.2cm）
1片
综合抹酱　1大匙
皱叶生菜　2片
莎莎酱鸡肉　150g
3色豆　约15粒

* 包卷用面饼使用自制石臼碾磨的全麦面粉制成。
* 综合抹酱请参照 22 页。
* 莎莎酱鸡肉的制作方法。将 500g 鸡腿肉切成一口大小，用盐、胡椒腌渍。用色拉油炒熟后，加入 1/2 个切碎的洋葱、切成 5mm 块状的红黄椒各 1/4 个和 1/4 根芹菜，还有 1 瓣切碎的大蒜，拌炒。圈状浇淋 30ml 的白葡萄酒，再加入 1 小匙砂糖、1/3 小匙高汤粉（粉末）以及 1 根切碎的红辣椒，用中火炖煮。煮至水分收干后，加入 50ml 的莎莎酱、1 大匙西红柿酱和 1 小匙红椒粉

（粉末），再次拌炒至水分收干。完成时加入 20g 炸洋葱。

*3 色豆，是指新鲜毛豆、白腰豆、红腰豆的混合。

1　摊开包卷用面饼，除边缘 3cm 外，皆涂抹综合抹酱。
2　铺放一片皱叶生菜，摆放上莎莎酱鸡肉和 3 色豆，再摆放其余的皱叶莴苣。
3　由靠近身体的一侧卷起面饼，再由左右两侧包卷起来。

照烧鸡肉三明治

甜咸口味的照烧鸡肉是很多人喜欢的食材。大量的蔬菜中和了浓郁的风味。
提前准备好的鸡肉，在需要时加热就能随时提供美味了。

FUNGO

材料
全麦面包（12cm×12cm×5cm）　1个
皱叶生菜　2片
西红柿（片状）　3片
洋葱（片状）　适量
照烧鸡肉　1片（65g）
奶油　1大匙

* 西红柿切成5mm厚的半月形。
* 照烧鸡肉，将65g的去骨鸡腿肉切开摊平，整型成长方形。两面煎熟，完成时沾裹上照烧酱汁。酱汁是在浓口酱油中添加味醂、酒、砂糖和蜂蜜，成为甜咸风味。

1　全麦面包横向分切成两片，在切面上涂抹奶油，摆放到铁板上（家庭用平底锅代替），加盖，仅烘烤涂抹奶油的表面。
2　在上述面包上叠放两片皱叶生菜。
3　摆放上西红柿、洋葱，叠放上加热后的照烧鸡肉。
4　覆盖上另一片面包。对半分切。

照烧鸡贝果

大量夹入表面蘸有照烧酱汁的照烧鸡肉三明治。
小黄瓜和紫洋葱的清脆口感是最大的特色。

JUNOESQUE BAGEL 自由之丘店

材料
贝果（10cm×10cm×3cm） 1个
生菜 2~3片
小黄瓜（片状） 3片
照烧鸡肉（鸡腿肉） 1/2片
紫洋葱（片状） 适量
照烧酱汁 1大匙
美乃滋 1大匙

* 贝果使用原味贝果。
* 照烧鸡肉，将鸡腿肉敲松并切成1cm厚。沾裹上市售照烧酱汁后烹调而成。

1 贝果横向分切成两片。
2 在底部贝果表面摆放上生菜，涂上美乃滋。
3 排放上小黄瓜片。
4 摆放照烧鸡肉，散放上紫洋葱片，浇淋上照烧酱汁。
5 覆盖上方贝果。

照烧鸡肉巧巴达三明治

无可比拟超受欢迎的三明治。
巧巴达嚼劲十足的口感特征，与鸡肉的柔软相得益彰。

DEAN & DELUCA

材料
巧巴达（Ciabatta）（12cm×12cm×8cm） 1个
苦菊 适量
照烧鸡肉 1片
紫圆白菜酸菜 适量
黑胡椒美乃滋 1小匙
橄榄油 适量

* 照烧鸡肉，鸡腿肉放入酱油和味啉调合的酱汁中浸泡一夜。边刷涂浸泡酱汁边煎烤鸡肉，烹调至鸡肉外表香脆，内部柔软多汁。
* 酸菜，将紫圆白菜切成细丝，放入白酒醋、辣椒和山椒混合的醋液中浸泡而成。
* 黑胡椒美乃滋，是将黑胡椒与美乃滋混拌而成。

1 巧巴达由横向划切出切口（不要切断）。在切口内涂抹橄榄油。
2 铺放苦菊，再摆入照烧鸡肉。
3 摆放紫圆白菜酸菜、黑胡椒美乃滋。闭合面包切口。

鸡肉饼三明治

包夹着用姜、酱油和味啉调味而成鸡肉饼的和风三明治。
咸口味家常菜的口感，搭配上略带香甜气息的面包。

BAGEL

材料
奶油餐包（6cm×6cm×5cm） 1个
鸡肉饼 1个（80g）
大叶紫苏 1片
美乃滋 1/2 小匙

* 鸡肉饼（方便制作的分量），在 500g 鸡绞肉中加入切碎的 2 把大叶紫苏、1个洋葱、适量的姜、1个鸡蛋、盐和太白粉混拌。整合成圆形后加热烹调，完成时浇淋上酱油、砂糖、味醂和酒。

1　奶油餐包由横向划切出切口（不要切断）。
2　铺放大叶紫苏，涂抹美乃滋。
3　摆放鸡肉饼，闭合面包切口。

布里欧修蛋三明治

美味的蛋沙拉包夹在柔软的布里欧修面包中。
再搭配上切片的水煮蛋，就是鸡蛋盛宴三明治了。

PAUL 六本木一丁目店

材料
布里欧修（Brioche）（20cm×7cm×5cm） 1条
皱叶生菜　1片
蛋沙拉　40g
西红柿（片状）　4片
水煮蛋（片状）　3片

* 蛋沙拉，水煮蛋切碎后，以美乃滋、盐、胡椒调味。完成时的柔软口感，正是制作的重点。

1　布里欧修横向划切出切口（不要切断）。
2　打开切口，铺放皱叶生菜，再放入蛋沙拉。
3　交替地排放西红柿片和水煮蛋片。
4　闭合布里欧修面包夹住食材。

海鲜

seafood

鲜虾、金枪鱼、烟熏鲑鱼
是海鲜类三明治的代表选手。
"酪梨 & 鲜虾"或是"烟熏鲑鱼 & 奶油起司"等
都是基本款三明治，只要在分切或组合食材上多用点心，
就能够搭配出自己的原创三明治了。

鲜虾酪梨三明治

烫煮过的鲜虾与柔滑顺口的酪梨组合，是款非常受喜爱的三明治。在此介绍添加了大量洋葱和酸黄瓜的塔塔酱，更富创意且别具特色。酪梨和鲜虾略为层叠地摆放，切开的横切面看起来会更美丽。

材料
面包（12cm × 12cm × 5cm）
1 个
皱叶生菜　2 片
塔塔酱　50g
鲜虾　4 只
橄榄油　适量
黑胡椒　少量
酪梨（片状）　1/4 个
奶油　1 大匙
美乃滋　适量

＊ 面包使用店内称为"白面包 white bread"的产品，较吐司更朴质，口感更扎实，是配方简单的圆形面包。
＊ 塔塔酱，将洋葱和洋葱一半量的酸黄瓜切碎，加入美乃滋、橄榄油、巴萨米克醋、西红柿酱、盐、胡椒、柠檬汁，以食物调理机搅拌。依其用途所需，也可以用美乃滋再将它稀释。
＊ 鲜虾，放入加有盐、柠檬、白葡萄酒和月桂叶的热水中汆烫。剥壳备用。

1　面包横向划切成两片。

5　鲜虾横向剖开，如照片般排放。浇淋上橄榄油，撒上胡椒。

2　面包切面上分别涂抹上奶油。奶油上方再薄薄地抹上美乃滋。

6　酪梨去核，切成 4 等分半月状，再分切成 8 等分的片状。

3　将两片皱叶生菜层叠在面包上，轻轻按压。外带时，应避免生菜外露所以要先加以整型。

7　酪梨推平排放在鲜虾上方。

4　塔塔酱摊涂成与面包同等大小。

8　用面包夹住食材，使酪梨能呈现漂亮排列状态，分切成 2 等份。

烟熏鲑鱼奶油起司三明治

口感润泽的烟熏鲑鱼和浓滑柔顺的奶油起司组成的三明治，特别受到女性青睐。在此大量夹入的是自制烟熏鲑鱼，三层叠放成分量十足的三明治。奶油起司因添加了牛奶，更易于涂抹，风味也更加柔顺美味。

材料
面包(40cm × 13cm × 13cm)
1 条
橄榄油　适量
青酱　3 ~ 4 大匙
奶油起司　5 ~ 6 大匙
烟熏鲑鱼 LOX（片状）　1/4 尾
酸豆　适量
紫洋葱（片状）　适量

* 青酱 Genovese pesto，以罗勒、松子、大蒜、帕玛森起司、橄榄油混合后，用搅拌机搅打至滑顺，即完成。
* 奶油起司，添加牛奶以调整风味及硬度。
* 烟熏鲑鱼，相对于 1kg 的鲑鱼，必须揉入 2% 的调合食盐。调合食盐是由盐 8、胡椒 1、细砂糖 1 的比例混合而成。涂抹好调合食盐的鲑鱼放入闭密容器内，静置 24 小时。洗去多余的盐分，放在冰箱循环风扇吹得到的位置，放置 8 ~ 10 小时使其干燥。之后，再以樱花木屑烟熏 1 小时。

3

再将青酱浇淋在切面上。

7
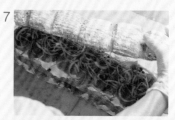
依序叠放面包。

4

在作为底部及中段的面包切面（仅朝上的那一面）涂抹奶油起司。

8

为避免分切时外形崩坏，在约间隔 8cm 宽度的位置插入竹签固定。

1

在面团中添加了麦、稗、粟米等 15 种谷类，烘烤而成。横向划切成 3 片。

5

将片状的烟熏鲑鱼排放在涂有奶油起司的面包表面。

[烤牛肉三明治]

也有以烤牛肉取代烟熏鲑鱼的三明治。夹入以 3 小时小火慢烤制作的烤牛肉和条状酸黄瓜，用黑胡椒来提味。

2

在面包切面上浇淋橄榄油。

6

撒放酸豆和片状的紫洋葱。

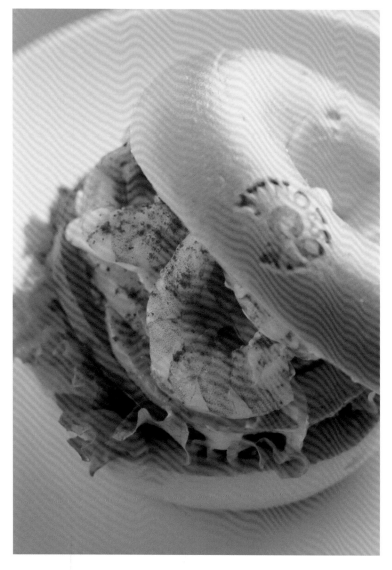

鲜虾酪梨三明治

酪梨与鲜虾的基本款三明治，其风味的重点在于芥末美乃滋。
画龙点睛的芥末风味，与贝果扎实的味道形成完美的平衡。

JUNOESQUE BAGEL 自由之丘店

材料
贝果（10cm×10cm×3cm）　1个
皱叶生菜　2～3片
西红柿（片状）　2片
酪梨（片状）　6片
芥末美乃滋　1大匙
小型虾　5条
红椒粉　1小撮

* 贝果使用原味贝果。
* 芥末美乃滋，是美乃滋与芥末混拌，并添加了提味的酱油。
* 小型虾剥壳，烫煮备用。

1　贝果横向分切成两片。
2　在底部贝果表面摆放上皱叶生菜、西红柿片。
3　略为重叠地排放酪梨片，涂抹上芥末美乃滋。
4　放上小型虾，撒上红椒粉。
5　放置上方贝果片。

鲜虾酪梨可颂三明治

用表皮酥脆、内部筋道的可颂面包，包夹鲜虾和酪梨的基本组合。
大量使用散发着莳萝风味的美乃滋，完成这款香气十足的三明治。

DEAN & DELUCA

材料
可颂（17cm×7cm×6cm）　1个
皱叶生菜　1片
西红柿（片状）　2片
酪梨　1/8个
鲜虾　3条
莳萝美乃滋　1/2大匙
莳萝　1枝
柠檬汁　少量
盐、胡椒　各适量

＊莳萝美乃滋，是将莳萝和巴西利加入美乃滋后，以搅拌机搅打制成。

1　鲜虾剥壳氽烫，与切成块状的酪梨混拌，加入柠檬汁，以盐和胡椒调味，再拌入莳萝美乃滋。
2　可颂横向划切出切口（不要切断）。
3　打开切口，铺放皱叶生菜。排放西红柿片，再盛入1的酪梨和虾鲜，装饰上莳萝。闭合可颂切口。

自制油渍沙丁鱼与西红柿佛卡夏三明治

制作油渍沙丁鱼的三明治时，考虑到嚼感特地选用了佛卡夏。
尽量挑选保留有鱼形的油渍沙丁鱼，更能突显食用时的嚼感。

HEARTY SOUP

材料
佛卡夏 Focaccia（13cm×13cm×2cm）
1个
皱叶生菜　4片
西红柿（片状）　2片
油渍沙丁鱼　3条
芥末籽酱　适量
黑胡椒　适量

* 皱叶生菜也可以改用一般生菜。
* 油渍沙丁鱼的制作方法。去除沙丁鱼的头部及内脏，用盐水清洗。连同洋葱、胡萝卜、芹菜、巴西利、柠檬皮、月桂叶、黑胡椒以及足以覆盖食材的水分，加入日本酒或白葡萄酒一起加热。约煮30min后，放置至冷却。拭干水分后，放入足以覆盖鱼肉的橄榄油内浸渍保存。制作三明治时，依沙丁鱼大小不同，使用3~5条。

1　佛卡夏横向分切成两片。
2　在底部佛卡夏表面涂抹上芥末籽酱，摆放入皱叶生菜。
3　摆上西红柿。
4　尽可能选用鱼身完整的去骨油渍沙丁鱼，撒上黑胡椒。
5　覆盖上另一片佛卡夏。

海味卷

筋道口感的鲜虾和片状金枪鱼，以鲜虾专用辣酱混拌后夹入而成的三明治。
食材含较多的汤汁，在包卷时必须多加注意以免汤汁外流。

JUNOESQUE BAGEL 自由之丘店

材料
面饼（20cm×20cm×0.2cm） 1片
综合抹酱 1大匙
皱叶生菜 2片
辣酱拌鲜虾与金枪鱼片 150g
甜椒（红、黄椒切丁） 各10小块

* 综合抹酱请参照18页。
* 辣酱拌鲜虾与金枪鱼片（方便制作的分量）。
鲜虾600g剥壳，用盐水汆烫。100g的金枪鱼片沥干油脂，为方便食用要将其搅散。在平底锅内拌炒鲜虾和金枪鱼片，再拌入鲜虾专用辣酱（市售）。

1 摊开包卷用的面饼，涂抹综合抹酱。边缘3cm不需涂抹。
2 铺放一片皱叶生菜，摆放上辣酱拌鲜虾和金枪鱼片以及红黄椒丁，覆盖上其余的皱叶生菜。
3 由身体一侧卷起面饼，再由左右两侧包卷起来。

综合海鲜沙拉三明治（Salade fruits de mer）

夹入干贝、花枝、鲜虾等烧烤海鲜类的"海味三明治"口感百分百。
添加的西红柿、甜豆等，使三明治色泽鲜艳。

Monsieur Soleil

材料
热狗面包（15cm×6cm×5cm）　1条
皱叶生菜　适量
网烤海鲜类　右述 * 的全部分量
迷你小西红柿　2个
甜豆　1~2根
香叶芹（Chervil）　适量

* 面包请参照61页。
* 海鲜类（干贝1个、章鱼脚1段、小虾2尾、花枝2片）用盐、胡椒调味后网烤，再以蒜香酱汁浸渍一夜。
* 甜豆用盐水汆烫。

1　热狗面包纵向划切出切口（不要切断）。
2　打开切口，铺放皱叶生菜，再均匀地放入网烤海鲜。
3　在鱼贝海鲜之间适当地排放迷你小西红柿和甜豆。
4　用香叶芹装饰，闭合面包切口。

金枪鱼沙拉三明治

金枪鱼沙拉和酪梨的组合，是分量十足的三明治。
酪梨下方涂抹的芥末美乃滋，是风味的重点。

JUNOESQUE BAGEL 自由之丘店

材料
贝果（10cm×10cm×3cm）　1个
生菜　2片
芥末美乃滋　略多于1大匙
酪梨（片状）　1/3个
小黄瓜（片状）　3片
金枪鱼沙拉　40g
红椒粉　适量

* 贝果使用原味贝果。
* 芥末美乃滋请参照79页。
* 金枪鱼沙拉，是在油渍金枪鱼内拌入切碎的洋葱、烫煮过的马铃薯泥混拌而成。

1　贝果横向分切成两片。
2　在底部贝果表面摆放上生菜，涂抹上芥末美乃滋。
3　排放酪梨片（5mm厚）并避免露出至贝果外侧，再摆放小黄瓜片（3mm厚）。
4　放上金枪鱼沙拉，撒上红椒粉。
5　放置上方贝果片。

金枪鱼布里欧修三明治

混拌了风味十足自制沙拉酱汁的金枪鱼沙拉，
包夹在用自制酵母制作并烘烤出浓郁香气的布里欧修内。

PAUL 六本木一丁目店

材料

布里欧修 Brioche(20cm × 7cm × 5cm)
1条
皱叶莴苣　1片
金枪鱼沙拉　80g

* 金枪鱼沙拉，在金枪鱼中添加对半分切的黑橄榄（盐水腌渍）、去籽切成块状的西红柿、切碎的巴西利拌匀后，用独家沙拉酱汁（橄榄油、红葱头、红酒醋、干燥西红柿等混拌均匀）拌和制作而成。

1　布里欧修横向划切出切口（不要切断）。
2　铺放皱叶莴苣，再放入金枪鱼沙拉。
3　闭合布里欧修面包。

金枪鱼酪梨裸麦面包三明治

浓郁的金枪鱼与酪梨风味，搭配芹菜叶的爽脆口感，
佐以裸麦面包略微的酸味，是最适当的组合。

HEARTY SOUP

材料
裸麦面包（13cm×7cm×1.2cm）
2 片
酪梨（片状） 7~8 片
金枪鱼沙拉 5 大匙
芹菜叶 1 小撮
皱叶生菜 2 片
奶油 适量

* 酪梨切成 6mm 厚的片状。
* 金枪鱼沙拉，4 大匙金枪鱼搭配 2 大匙美乃滋、2 瓣蒜泥混拌而成。
* 芹菜叶切成细长形。
* 皱叶生菜也可使用一般生菜。

1 将奶油涂抹在一片裸麦面包上，铺满酪梨片。
2 摆放金枪鱼沙拉，再叠放大量的芹菜叶。
3 轻轻地覆盖上皱叶生菜，并叠放上另一片裸麦面包。

烟熏鲑鱼白面包三明治

"白面包"是烘焙成淡淡色泽的柔软面包。
如此简单的风味更能衬托出烟熏鲑鱼的鲜美。

PAUL 六本木一丁目店

材料
白面包（14cm×14cm×3cm） 1 片
奶油起司 略多于 1 大匙
皱叶生菜 1 片
烟熏鲑鱼（片状） 3 片
小黄瓜（片状） 3 片
奶油 适量

* 白面包请参照 39 页。

1 白面包横向分切成两片。

2 底部的面包表面涂抹奶油，再涂抹奶油起司。

3 摆放上皱叶生菜，排放烟熏鲑鱼片。放上小黄瓜，覆盖上层面包。

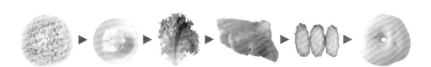

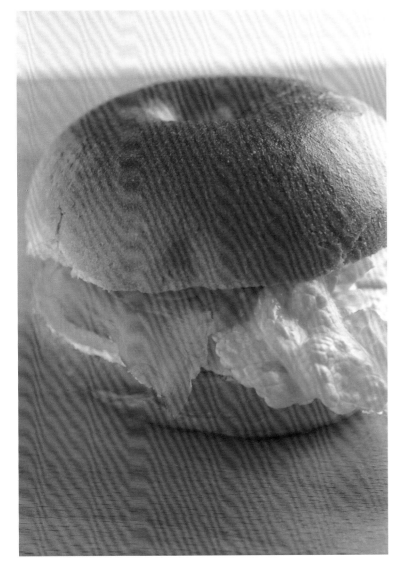

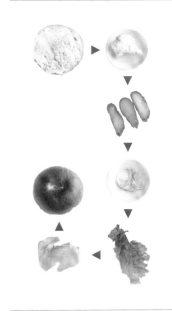

烟熏鲑鱼奶油起司酸黄瓜三明治

能突显出酸黄瓜风味的三明治。
使用色彩鲜艳较不辣的紫洋葱，会更方便食用。

BAGEL

材料
贝果（11cm×11cm×5cm）　1个
奶油起司　2大匙
酸黄瓜（片状）　3片
紫洋葱（片状）　适量
皱叶生菜（片状）　2～3片
烟熏鲑鱼（片状）　1片

＊紫洋葱切片后冲水备用。

1　贝果横向分切成两片。
2　在底部贝果切面均匀地涂抹上奶油起司。
3　排放酸黄瓜、沥干水分的紫洋葱。
4　叠放上皱叶生菜，摆放烟熏鲑鱼。
5　覆盖上方贝果片。

烟熏鲑鱼奶油起司布里欧修三明治

奶油起司与烟熏鲑鱼的常见组合，搭配上柔软布里欧修，
呈现完全不同以往的印象。滴入现挤柠檬更添轻爽。

Boulangerie Takeuchi

材料
布里欧修 Brioche（9cm×9cm×1cm）
2片
奶油起司　2大匙
绿叶沙拉　适量
烟熏鲑鱼（片状）　2片
洋葱（片状）　适量
酸豆　5～6粒
莳萝　适量
柠檬　1/6个
黑胡椒　适量

＊洋葱切片后，以水冲洗，浸渍在橄榄油、
白酒醋和盐当中。

1　在一片布里欧修上均匀地涂满奶
油起司。
2　撒入现磨黑胡椒，叠放上绿叶沙
拉。
3　对折叠放烟熏鲑鱼。
4　放上洋葱片，撒放酸豆。
5　摆放莳萝，由上方挤些柠檬汁。
6　覆盖上另一片布里欧修。

烟熏鲑鱼奶油起司三明治

奶油起司、烟熏鲑鱼和酸豆，是众所周知的组合。
完成时撒上黑胡椒，更具提味效果。

JUNOESQUE BAGEL 自由之丘店

材料
贝果（10cm×10cm×3cm） 1个
奶油起司 1大匙
生菜 2片
小黄瓜（片状） 3片
烟熏鲑鱼（片状） 5～6片
紫洋葱（片状） 适量
酸豆 7粒
美乃滋 1小匙
黑胡椒 适量

* 贝果使用原味贝果。
* 酸豆使用盐渍酸豆，使用前冲水除去咸味。

1 贝果横向分切成两片。
2 在底部贝果表面涂上奶油起司。
3 摆放上生菜，均匀地涂满美乃滋。
4 排放上小黄瓜片，并排叠放上烟熏鲑鱼。
5 散放上紫洋葱片、酸豆。
6 撒上黑胡椒，放置上方贝果片。

酪梨·鲑鱼·鸡蛋三明治

酪梨、烟熏鲑鱼、水煮蛋，口感柔和的食材组合。
第戎黄芥末的酸味和辣味正是美味的关键。

BAGEL

材料
乡村面包（Pain de campagne）
（15cm×7cm×2cm）　1片
酪梨（片状）　3片
烟熏鲑鱼（片状）　1片
水煮蛋（片状）　2片
皱叶生菜　1片
奶油　适量
黄芥末美乃滋　1大匙

＊酪梨切1cm厚，水煮蛋片成5mm厚。
＊黄芥末美乃滋使用市售品。

1　乡村面包横向划切出切口（不要切断）。
2　打开切口，在两侧切面上涂抹奶油、黄芥末美乃滋。排放上酪梨。
3　摆放上烟熏鲑鱼、片状水煮蛋。
4　放入皱叶生菜，闭合面包切口。

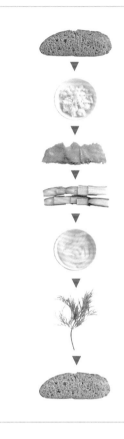

烟熏鲑鱼夹小黄瓜裸麦面包三明治

风味浓郁的烟熏鲑鱼搭配自制的乡村起司,
佐以新鲜蔬菜,口感更好。

材料
裸麦面包（22cm×7cm×0.7cm）
2 片
乡村起司（cottage cheese）
1.5 大匙
烟熏鲑鱼（片状） 1.5 片
小黄瓜（片状） 10 片
洋葱（片状） 1/8 个
莳萝 1 枝
奶油（含盐） 适量
芥末籽酱 适量
黑胡椒 适量

* 乡村起司,是将牛奶加热至即将沸腾,降温至 40℃后加入柠檬汁混拌,待其分离后过滤而得。

1 将奶油和芥末籽酱薄薄地涂抹在一片裸麦面包的单面。

2 摆放乡村起司,轻轻地抹平表面。

3 摊放上烟熏鲑鱼,避免层叠地排放小黄瓜。

4 散放上紫洋葱片、莳萝。

5 在整体表面撒上黑胡椒,另一片裸麦面包涂抹奶油后,覆盖叠放。

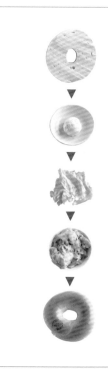

鲑鱼起司贝果

添加了烟熏鲑鱼和马苏里拉起司的美式炒蛋就是主角。
趁着起司融化还是热呼呼的时候享用吧！

JUNOESQUE BAGEL 自由之丘店

材料
贝果（10×10×3cm） 1个
奶油起司 1大匙
生菜 2~3片
烟熏鲑鱼和起司的美式炒蛋 90g
黑胡椒 适量

* 贝果使用原味贝果。
* 美式炒蛋，在1个鸡蛋中添加牛奶、盐和胡椒。倒入温热的平底锅内，加入切成适当大小的20g烟熏鲑鱼和10g马苏里拉起司Mozzarella、细香葱Chives，拌炒而成。鲑鱼不需要炒熟。

1 贝果横向分切成两片。
2 在底部贝果表面涂抹奶油起司。
3 铺放生菜、烟熏鲑鱼和起司的美式炒蛋。
4 撒上黑胡椒，放置上方贝果。

起司

cheese

大量夹入乳霜般软质洗浸起司，
再佐以独具风味特色的蓝纹起司提味。
巧妙搭配各自的独特风味，就是起司三明治的重点。
依其完成状态也能作为开胃前菜或下酒小品。

马苏里拉起司 & 青酱巧巴达三明治

马苏里拉起司的白、青酱的绿、干燥西红柿的红。
利用意式面包"巧巴达"制作出象征意大利三种颜色的朴质三明治。

DEAN & DELUCA

材料
巧巴达（Ciabatta）（12cm×12cm×8cm） 1个
青酱 1大匙
马苏里拉起司（Mozzarella）（片状）3片
黑橄榄（切碎） 1小匙
油渍干燥西红柿（切丝） 1小匙
盐、胡椒 各少量

* 青酱，混合罗勒、松子、大蒜、帕玛森起司、撖榄油，用搅拌机搅打成滑顺状。
* 马苏里拉起司切成5mm的片状。

1 巧巴达由横向划切出切口（不要切断）。打开切口在底部面包上涂抹青酱。
2 排放上马苏里拉起司，撒上盐和胡椒。接着叠放黑橄榄碎和干燥西红柿丝，闭合面包切口。

拿坡里 (Napoli)

使用水牛乳制成的马苏里拉起司，是美味的关键。
三明治的夹馅，以繁忙时最易于制作的优先级来选用食材。

BETTER DAYS

材料
面包（11.5cm × 10.5cm × 4cm） 1个
青酱 1大匙
皱叶生菜 1片
水牛乳马苏里拉起司
（Mozzarella di Bufala） 15g
罗勒叶 2片
西红柿（片状） 3片
盐 适量
胡椒 适量
橄榄油 适量

* 面包请参照 26 页。
* 青酱，是以罗勒、松子、大蒜、橄榄油以研磨钵或食物调理机搅打，再以盐调味而成。

1 面包在常温中解冻，横向分切成两片。在二片面包切面上涂抹青酱。
2 底部面包表面铺放皱叶生菜，排放马苏里拉起司，撒上盐、胡椒、橄榄油。
3 摊放罗勒叶，叠放上西红柿。
4 覆盖上另一片面包夹起食材，放入预热 200℃ 的帕尼尼机，烘烤30s。对半分切。

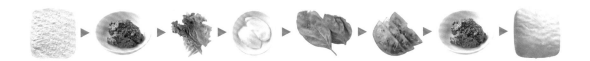

马苏里拉起司西红柿热烤三明治

马苏里拉起司上摆放半干燥西红柿，烘烤而成的朴质热烤三明治。
趁着起司融化还热呼呼的时候享用吧。

JUNOESQUE BAGEL 自由之丘店

材料
贝果（10cm×10cm×3cm）　1个
马苏里拉起司 Mozzarella（片状）
2片
半干燥西红柿　30g
罗勒（干燥）　1小撮
橄榄油　1大匙

* 贝果使用西红柿与罗勒口味的贝果。
* 半干燥西红柿，使用浸渍了橄榄油的制品。
沥干油脂后使用。

1　贝果横向分切成两片。
2　在底部贝果表面排放马苏里拉起司。
3　半干燥西红柿均匀地排放，再撒上罗勒。
4　浇淋上橄榄油，放入烤箱烘烤。
5　待起司融化，再摆放上用烤箱烤热的上方贝果。

生火腿布里起司法式长棍三明治

利用生火腿和布里起司的咸度特色来品尝这款朴质的三明治。
完成时浇淋上橄榄油更能增添香气。

Boulangerie Takeuchi

材料
法式长棍面包（Baguette）
　（18cm×5.5cm×5cm）　1条
布里起司 Brie（片状）　1片
生火腿 Prosciutto　1片
橄榄油　适量

* 布里起司是法国产软质洗浸起司。虽然和卡门培尔起司（Camembert）近似，但风味更浓醇柔和。

1　法式长棍面包横向划切出切口（不要切断）。
2　打开切口，排放上布里起司。
3　摊放生火腿片，浇淋上橄榄油。闭合面包切口。

奥弗涅（Auvergne）

苹果和奥弗涅蓝纹起司（Bleu d'Auvergne）、核桃的组合。
最好使用带有酸味的红玉等苹果品种。也是一款适合搭配餐后甜葡萄酒的三明治。

材料
面包（11.5cm×10.5cm×4cm）　1个
苹果（片状）　1/8个
奥弗涅蓝纹起司（Auvergne）（片状）
1片
葡萄干（干燥）　10g
新鲜核桃　15g
奶油　适量

* 面包请参照 26 页。
* 奥弗涅蓝纹起司，是由法国奥弗涅地区所制作，近似洛克福蓝纹起司 Roquefort 的商品。

1　面包在常温中解冻，横向分切成两片。在二片面包切面上涂抹奶油。
2　底部面包表面避免层叠地铺放苹果。撕开奥弗涅蓝纹起司撒放在苹果上。
3　将葡萄干、核桃均匀撒放，覆盖上层面包片。
4　放入预热 200℃的帕尼尼机，烘烤 30s。对半分切。

干燥西红柿奶油起司三明治

贝果和奶油起司是最基本的固定组合。在起司中混拌干燥西红柿制作出独创的三明治。
粉红色泽也令人印象深刻。

BAGEL

材料
贝果（11cm×11cm×5cm）　1个
干燥西红柿的奶油起司　2大匙

* 贝果使用芝麻口味。
* 干燥西红柿的奶油起司，是将香草油渍的干燥西红柿（市售品）用搅拌机打碎，混拌澳洲产的奶油起司制作而成。

1　贝果横向分切成两片。
2　在底部贝果切面均匀地涂满干燥西红柿的奶油起司。
3　覆盖上方贝果片。

天然酵母面包奶油三明治 / 蜂蜜三明治

能品尝出奶油的浓郁香醇，同时能烘托出面包美味的三明治。
核桃面包浇淋上蜂蜜，更增添香甜气息。

Painduce

[天然酵母奶油三明治]
材料
小面包　1个
奶油（片状）　1片

* 小面包使用天然酵母（液种）具浓郁风味的商品。

[蜂蜜三明治]
材料
添加核桃的小面包 1个
奶油（片状）1片
柑橘蜂蜜 1小匙

* 面包，是以法国面包面团添加核桃烘烤而成。

天然酵母奶油三明治

1　小面包由上划切出切口（不要切断面包）。

2　夹入切成 5mm 厚的奶油。

蜂蜜三明治

1　小面包横向划切出切口（不要切断）。

2　夹入切成 5mm 厚的奶油。

3　浇淋上柑橘蜂蜜。再闭合开口。

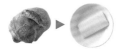

奶油起司抹酱的搭配组合

夹在贝果当中最常见的就是奶油起司。在提供贝果的店内，会以此为基底准备各式各样深受顾客喜爱的抹酱。在此介绍简单的单品，添加了干燥西红柿、酪梨或冷冻蔬菜等，能使单品变化丰富。

材料（方便制作的分量）
奶油起司 Cream cheese　300g
蔓越莓（干燥）　100g
细砂糖　30g

* 奶油起司使用澳洲生产较不酸的商品。
* 蔓越莓使用美国产商品，使用酸味较强的种类。

1 将奶油起司于室温中放至柔软。

2 加入细砂糖，将其混拌至全部融合。因细砂糖会自然溶化，所以就算仍残留颗粒也没有关系。添加干燥蔓越莓。

3 全部混拌均匀。

●抹酱的涂抹方式
用抹刀舀取抹酱，以按压方式进行涂抹。中央最厚，边缘较薄，如此当夹起食材时抹酱才不会外露溢出贝果外。并且最好在食用前才进行涂抹。

奶油起司

奶油起司

原味奶油起司是最基本的抹酱。许多三明治都是涂抹了该酱之后，再夹入烟熏鲑鱼或蔬菜。贝果适合不酸，口感香滑的醇浓奶油起司。

豆腐奶油起司

奶油起司　1
豆腐　1
盐　适量
胡椒　适量

充分沥干豆腐的水分，与奶油起司混拌，以盐和胡椒调味。因为很容易变得水水的，所以必须非常彻底地沥干水分再进行制作（使用冷冻豆腐更易沥干水分）。借由盐的调味更能烘托出豆腐的美味。

关于奶油起司抹酱的重点

1　贝果适合酸味较小的奶油起司。为使混拌食材能够均匀，应放置于室温使其软化后再进行。
2　奶油起司与混拌食材的比例约3:1。
3　使用新鲜水果等含水量较多的食材时，会造成奶油起司的分离。所以推荐使用干燥水果。
4　混拌酱汁等液体时，混拌后应先冷却，使其入味充分。
5　抹酱应于3日内食用完毕（含制作当日）。

蓝莓奶油起司

奶油起司　3
蓝莓（干燥）　1
细砂糖　0.3

奶油起司中加入细砂糖混拌。加入蓝莓充分混拌。蓝莓当中，味道强烈的干燥野生蓝莓，能够提引风味更适合制作抹酱。

枫糖榛果奶油起司

奶油起司　3
榛果粉　1
枫糖粉　适量

将榛果粉（粗粒）加入奶油起司中混拌，添加枫糖粉后，再次混拌。枫糖粉使用颗粒较粗的品种。不要过度混拌从而留有枫糖颗粒，更能强调口感及风味。

兰姆葡萄干奶油起司

奶油起司　1
葡萄干（兰姆酒渍）　0.5
葡萄干浸渍液　少量
细砂糖　0.1

在奶油起司中添加细砂糖，混拌。加入一半挤干水分的兰姆酒渍葡萄干，添加少量的葡萄干浸渍液，再加入剩余葡萄干。小心混拌避免搅破葡萄干。

专栏

三明治风味重点② >>> 酸黄瓜

与黄芥末（请参照27页）相同，用小黄瓜腌渍的
酸黄瓜或酸豆，也是三明治中经常使用的食材。肉
类三明治或汉堡中，经常会用来增加风味及口感，
并解腻。酸黄瓜或酸豆多半是将食材盐渍之后，再
进行醋渍的成品，爽口的酸味是最大的特色。醋渍
除了小黄瓜之外，也可用于洋葱、红椒等其他食
材，但能具有爽脆口感当属小黄瓜。本书食谱当中
"relish"指的就是切碎的小黄瓜。除了直接使用之
外，制作塔塔酱时也非常方便。此外，用小型小黄
瓜制作的条状酸黄瓜，在制作不切开的三明治时，
也可以直接使用。
酸豆因一向与烟熏鲑鱼搭配而广为人知。除了醋渍
之外，也可以利用盐味卤水浸渍，品尝原味。

酸黄瓜酱
切碎的酸黄瓜和辛香料
混拌后，瓶装出售。

酸黄瓜
可以切碎使用或是作为
条状酸黄瓜直接使用。

酸豆
独特的浓缩风味，具有
提味作用。盐渍的酸豆
必须先去盐后再使用。

汉堡·热狗

hamburger+hot dog

夹着刚煎烤完成、香嫩多汁汉堡肉的汉堡，
这样的"美味汉堡"是近来最受瞩目的焦点。
各个店家也都纷纷推出具个性化的材料及酱汁。
长期广受喜爱的热狗也在此一起介绍。

原味汉堡（Plain Burger）

不使用绞肉，直接用菜刀剁切牛肉各部位，混合制成的汉堡肉就是特征。
利用碳火烘烤，可以烤出多余的油脂，让肉质的美味和口感发挥到极致。原味汉堡的美味重点，
在于原统的手工制作，在接到点菜后，才进行洋葱和西红柿切片等作业。

材料

圆面包（Buns）（11cm × 11cm × 5cm） 1个

汉堡肉 1片（155g）

生菜 1片

西红柿（片状） 1片

洋葱（片状） 1片

酸黄瓜（片状） 2片

塔塔酱 1大匙

奶油 适量

* 汉堡肉，将牛腿肉、牛肩梅花肉、嫩肩里脊（肩下部分）等，用刀剁碎混合。调味仅使用盐和胡椒。分成155g一片并将其整型，以防油纸（Silicone Paper）包覆。第二天要使用的分量应在前一天先准备好。

2

汉堡肉放置在网架上，用碳火烧烤。以大火迅速烧烤。

6

底部的圆面包上涂抹奶油。

3

当表面开始膨胀鼓起时，翻面。火烤的参考时间是两面不到1min。试着用手指按压，按压处会产生弹力，即已完成。

7

摆放上完成火烤的汉堡肉。

4
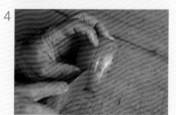

在火烤汉堡肉时，预备其他的材料。西红柿切成5mm的片状。洋葱切成1～2mm的薄片。酸黄瓜切斜片备用。

8

在上方圆面包切面涂抹塔塔酱，摆放上5。

1

上下切开的圆面包，切面朝下地放置在铁板上（家庭可用平底锅代替）。过程中需翻面，两面烘烤。

5

生菜折叠成面包的大小，依序叠放上西红柿、洋葱、酸黄瓜。

9

分别摆放盛盘，再附上西红柿酱和黄芥末。

起司汉堡

夹入巧达起司的汉堡就是最经典的代表。
品尝融化的起司与汉堡肉合二为一的美好滋味吧！

材料
圆面包(Buns)(11cm × 11cm × 5cm)
1个
汉堡肉　1片（110g）
生菜　35g
西红柿（片状）　1片
洋葱（片状）　1片
巧达起司（Cheddar）（片状）　2片
BBQ 酱汁　1小匙
美乃滋　1小匙
盐、胡椒　适量
奶油　适量

* 汉堡肉，肉品是由澳洲产牛腿肉和牛脂肪（比例为7：3）混合而成。将绞好的肉用盐和胡椒调味。
* 生菜，逐一剥开叶片，放入冷水中保持其爽脆的口感。沥干水分，装进密闭容器内放置于冰箱内静置一夜。
* 酱汁，在市售的BBQ酱汁中添加柠檬汁和蜂蜜，以调整酸味及甜度。

1　圆面包横向切成两片，切开面向下放置在铁板上（家庭可用平底锅代替）烘烤。烤制到烘烤面呈酥脆感但注意不需烤制呈现上色。
2　汉堡肉放置在 150 ~ 180℃的铁板上（家庭可用平底锅代替），表

面撒上盐和胡椒。待烤至 6 ~ 7 分熟后翻面。
3　摆放上巧达起司，从上方浇BBQ 酱汁。加盖蒸烤。
4　生菜折叠成面包的大小，其上叠放西红柿、洋葱。
5　底部的圆面包片涂抹美乃滋，摆放上4的蔬菜。再摆放上3的汉堡肉，在上方圆面包切面涂抹奶油，覆盖包夹。

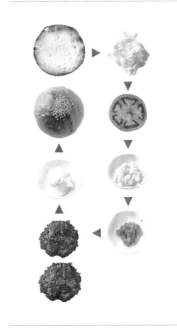

双层汉堡

两片层叠的汉堡肉，是一款分量十足的汉堡。不需添加西红柿酱等，
仅用盐、胡椒调味，就能够直接品尝到汉堡肉的甜美滋味了。

FIRE HOUSE

材料
圆面包（Buns）（9cm×9cm×5cm）
1个
汉堡肉　2片（110g×2片）
生菜　2～3片
西红柿（片状）　1片
洋葱（切碎）　1小匙
酸黄瓜酱　1小匙
盐、胡椒　各适量
黄芥末　1小匙
美乃滋　1大匙

* 汉堡肉，100% 牛肉。瘦肉与脂肪是7:3的比例组合，粗绞并且几乎不加以揉和地完成整形。
* 酸黄瓜酱，酸黄瓜切碎制成。使用市售品。

1　圆面包横向切成两片，切开面向下放置在铁板上（家庭可用平底锅代替）烘烤。翻面，烘烤两面。
2　汉堡肉放置在热铁板上（家庭用平底锅代替）。待加热至半熟后，在表面撒上盐和胡椒。两面烘烤的参考时间约为4min。请注意不要过度加热。

3　生菜沥干水分，折叠并摆放上西红柿。其上散放洋葱和酸黄瓜酱。
4　底部的圆面包片涂抹黄芥末，上方圆面包切面涂抹美乃滋。
5　底部的圆面包摆放上3的蔬菜，层叠2片烤好的汉堡肉。覆盖上方圆面包。

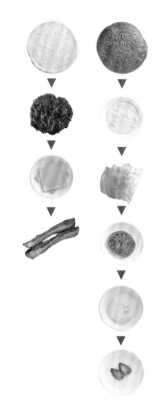

培根起司汉堡（Bacon Cheese Burger）

大大地满溢出圆面包的培根，是一款非常引人注目的汉堡。
用樱木屑烟熏的自制培根，用碳火网烤得香脆可口。

Baker Bounce

材料
圆面包(Buns)(11cm × 11cm × 5cm)
1个
汉堡肉　1片（155g）
巧达起司（Cheddar）（片状）　2片
培根（片状）　2片
塔塔酱　1大匙
生菜　1片
西红柿（片状）　1片
洋葱（片状）　1片
酸黄瓜（片状）　2片
奶油　适量

* 汉堡肉请参照 102 页。

1　圆面包横向切成两片，切开面朝下地放置在铁板上（家庭可用平底锅代替）烘烤。
2　汉堡肉放在网架上，用碳火迅速烧烤。当汉堡肉表面开始膨胀鼓起时，翻面，覆盖上巧达起司。加盖进行蒸烤。火烤的参考时间是两面不到 1min。
3　培根切片后，放于烤网上以碳火烧烤至香脆。

4　西红柿切成 5mm、洋葱切成 1 ~ 2mm 厚的片状。酸黄瓜斜切成片状。
5　生菜折叠成面包的大小，依序叠放西红柿、洋葱、酸黄瓜。
6　底部的圆面包片涂抹奶油，摆放上 2 的汉堡肉。交叉叠放上培根。
7　在上方圆面包切面涂塔塔酱，放置 5 的蔬菜。
8　将 6 和 7 分别放置盛盘，同时提供西红柿酱和黄芥末（用量外）。

总汇汉堡

培根、起司、煎蛋和菠萝片的超级组合，分量十足。

除了辣酱之外，BBQ 酱汁和照烧酱汁也都非常适合搭配汉堡。

BROZERS'

材料

圆面包(Buns)(11cm × 11cm × 5cm)
1 个
汉堡肉　1 片（110g）
生菜　35g
西红柿（片状）　1 片
洋葱（片状）　1 片
巧达起司（Cheddar）（片状）　2 片
培根（片状）　3 片
菠萝（片状）　1 片
煎蛋　1 个
红辣酱　1 小匙
美乃滋　1 小匙

* 汉堡肉请参照 104 页。
* 生菜请参照 104 页。
* 红辣酱采用泰国产的市售品。

1　圆面包横向切成两片，切开面向下放置在铁板上（家庭可用平底锅代替）烘烤。烘烤至烘烤面呈酥脆感但注意不要烤制上色。

2　汉堡肉放置在 150 ~ 180℃的铁板上（家庭可用平底锅代替），表面撒上盐和胡椒。

3　配合圆面包大小的煎蛋。另外将培根烤至香脆。菠萝也稍加烘烤至

出现烤色。

4　待汉堡烤至 6 ~ 7 分熟后翻面。摆放上巧达起司，浇淋红辣酱。加盖蒸烤。

5　将培根放置在烤好的汉堡肉上，涂抹红辣酱。摆放上菠萝和煎蛋，再次刷涂红辣酱。

6　生菜折叠成面包的大小，其上叠放西红柿、洋葱。

7　底部的圆面包片涂抹美乃滋，摆放 6 的蔬菜。再摆放 5 的汉堡肉，在上方圆面包切面涂抹奶油（用量外），覆盖包夹。为避免崩散应用牙签固定。

贝克招牌汉堡（Baker's Burger）

汉堡肉上放了大量普罗旺斯炖菜和巧达起司的创意汉堡。
若优先考虑到食用上的方便，普罗旺斯炖菜也可以夹在汉堡肉下方。

Baker Bounce

材料

圆面包（11cm×11cm×5cm） 1个
汉堡肉 1片（155g）
普罗旺斯炖菜（Ratatouille） 2.5大匙
巧达起司（Cheddar）（片状） 2片
塔塔酱 1大匙
生菜 1片
西红柿（片状） 1片
洋葱（片状） 1片
酸黄瓜（片状） 2片
奶油 适量

* 汉堡肉请参照102页。
* 普罗旺斯炖菜，将红黄椒与洋葱切成适当的大小，用橄榄油拌炒。加入热水汆烫去皮切成块状的西红柿，拌炒。用盐和胡椒调味，以小火炖煮约1h。降温后放至冰箱冷藏保存备用。

1 圆面包横向切成两片，切开面朝下地放置在铁板上（家庭用平底锅代替）烘烤。

2 汉堡肉放在网架上，用碳火迅速烧烤。当汉堡表面开始膨胀鼓起时，翻面。

3 普罗旺斯炖菜放至铁板上（家庭用平底锅代替），搅散加热，覆盖

在汉堡肉上。再盖上巧达起司，加盖进行蒸烤。蒸烤的参考时间是两面不到1min。

4 在汉堡蒸烤时，将西红柿切成5mm、洋葱切成1～2mm厚的片状。酸黄瓜斜切成片状。

5 生菜折叠成面包的大小，依序叠放西红柿、洋葱、酸黄瓜。

6 底部的圆面包片涂抹奶油，摆放上3的汉堡肉。

7 在上方圆面包切面涂塔塔酱，放置5的蔬菜。

8 将6和7分别放置盛盘，同时提供西红柿酱和黄芥末（用量外）。

酪梨起司汉堡

利用带着甜味的酪梨来取代酱汁制作而成的汉堡。
为方便食用酪梨应切成片状，使其与汉堡肉更能融为一体。

BROZERS'

材料
圆面包（Buns）（11cm×11cm×5cm）
1个
汉堡肉　1片（110g）
生菜　35g
西红柿（片状）　1片
洋葱（片状）　1片
巧达起司（Cheddar）（片状）　2片
酪梨（片状）　1/4个
美乃滋　1小匙
奶油　适量

* 汉堡肉请参照 104 页。
* 生菜请参照 104 页。

1　圆面包横向切成两片，切开面向下放置在铁板上（家庭可用平底锅代替）烘烤。烤制到烘烤面呈酥脆感但注意不要烤制上色。
2　汉堡肉放置在 150~180℃的铁板上（家庭用平底锅代替），表面撒上盐和胡椒。

3　待汉堡肉煎烤至 6 ~ 7 分熟后翻面。摆放上巧达起司和酪梨片，加盖蒸烤。
4　生菜折叠成面包的大小，其上叠放西红柿、洋葱。
5　底部的圆面包片涂抹美乃滋，摆放 4 的蔬菜。再摆放上 3 的汉堡肉，撒上黑胡椒，在上方圆面包切面涂抹奶油，覆盖包夹。

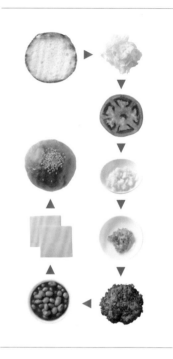

辣味起司汉堡

使用添加了 11 种辛香料的辣味豆炖煮，具有特殊风味的辣味豆汉堡。
摆放在汉堡肉上的起司蒸烤后融化，与汉堡肉搭配更显美味。

FIRE HOUSE

材料
圆面包（Buns）（9cm×9cm×5cm）
1 个
汉堡肉　1 片（110g）
生菜　2～3 片
西红柿（片状）　1 片
洋葱（切碎）　1 小匙
酸黄瓜酱　1 小匙
辣味豆（Chili beans）　1 大匙
巧达起司（片状）　2 片
黄芥末　1 大匙
美乃滋　1 小匙
盐、胡椒　各适量

* 汉堡肉请参照 105 页。
* 酸黄瓜酱请参照 105 页。
* 辣味豆，是在市售的辣豆中添加大蒜粉、七味辣椒粉、黑胡椒、粗盐等 11 种辛香料，调整风味制作而成。

1　将汉堡肉放置在热铁板上（家庭可用平底锅代替）。待加热半熟后，在表面撒上盐和胡椒。翻面，覆盖上辣味豆，再叠放上巧达起司。加盖蒸烤。两面煎烤的参考时间约为 4min。

2　同时进行的是圆面包的烘烤。圆面包横向切成两片，切开面朝下放置在铁板上（家庭可用平底锅代替）烘烤。烘烤两面。
3　生菜沥干水分，折叠。摆放上西红柿，其上撒放洋葱和酸黄瓜酱。
4　底部的圆面包片上涂抹黄芥末，上方圆面包切面涂抹美乃滋。
5　底部的圆面包上摆放 3 的蔬菜，叠上 1 的汉堡肉。覆盖上方圆面包。

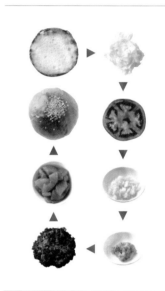

汉堡包

带着肉桂香气的香甜苹果，搭配略咸的汉堡肉制作出的创意汉堡。
蒸烤苹果时，让苹果的甘甜渗入汉堡肉是制作美味的关键。

FIRE HOUSE

材料
圆面包（Buns）（9cm×9cm×5cm）
1个
汉堡肉　1片（110g）
生菜　2～3片
西红柿（片状）　1片
洋葱（切碎）　1小匙
酸黄瓜酱　1小匙
煮苹果　1大匙
黄芥末　1大匙
美乃滋　1小匙
盐、胡椒　各适量

* 汉堡肉请参照 105 页。
* 酸黄瓜酱请参照 105 页。
* 煮苹果，苹果削皮切成方便食用的大小，用兰姆酒、砂糖、肉桂、柠檬汁炖煮15～20min 即可。

1　汉堡肉放置在热铁板上（家庭可用平底锅代替）。待加热至半熟后，在表面撒放盐和胡椒。翻面，放置上煮苹果，加盖蒸烤。两面蒸烤的参考时间约为 4min。
2　同时进行的是圆面包的煎烤。圆

面包横向切成两片，切开面朝下地放置在铁板上（家庭可用平底锅代替）烘烤。翻面，烘烤两面。
3　生菜沥干水分，折叠。摆放上西红柿，其上撒放洋葱和酸黄瓜酱。
4　底部的圆面包片上涂抹黄芥末，上方圆面包切面涂抹美乃滋。
5　底部的圆面包摆放上 3 的蔬菜，1 的汉堡肉以及煮苹果。覆盖上方圆面包。

甜辣酱鸡肉汉堡

烘烤得香嫩筋道的鸡肉，搭配甜辣酱的汉堡。
甜辣酱中添加太白粉以提高黏稠度，让鸡肉与酱汁融为一体。

BROZERS'

材料
圆面包(Buns)(11cm × 11cm × 5cm)
1 个
鸡腿肉　1 片
生菜　35g
西红柿（片状）　1 片
洋葱（片状）　1 片
酸奶油　1 大匙
甜辣酱　1 小匙
美乃滋　1 小匙
盐、胡椒　适量

* 生菜请参照 104 页。
* 甜辣酱，使用市售品。直接使用酱汁太稀容易流出，因此添加太白粉以增添其黏稠度。

1　圆面包横向切成两片，切面向下放置在铁板上（家庭可用平底锅代替）烘烤。烤制到烘烤面呈酥脆感但注意不要烤制上色。
2　鸡腿肉的带皮一面放置在 150 ~ 180℃的铁板上（家庭可用平底锅代

替），表面撒上盐和胡椒。
3　待鸡腿肉至 6 ~ 7 分熟后翻面。摆放酸奶油，浇淋上甜辣酱。加盖蒸烤。
4　生菜折叠成面包的大小，其上叠放西红柿、洋葱。
5　底部的圆面包片上涂抹美乃滋，摆放上 4 的蔬菜。再放上 3 的鸡腿肉，在上方圆面包切面涂抹奶油（用量外），覆盖包夹。

炸鱼堡

夹入油炸白肉鱼排也是基本款汉堡的一种。
香香酥酥的口感与柔软的圆面包对比搭配，令人乐在其中。

FIRE HOUSE

材料

*酸黄瓜酱请参照 105 页。

圆面包（Buns）（9cm×9cm×5cm）
1 个
冷冻裹粉白肉鱼（市售品） 1 片
生菜 2～3 片
西红柿（片状） 1 片
洋葱（切碎） 1 小匙
酸黄瓜酱 1 小匙
巧达起司（片状） 1 片
黄芥末 1 大匙
美乃滋 1 小匙

1 用油酥炸白肉鱼。

2 同时进行烘烤圆面包。圆面包横向切成两片，切开面向下放置在铁板上（家庭用平底锅代替）烘烤。翻面，烘烤两面。

3 生菜沥干水分，折叠并摆放上西红柿。其上撒放洋葱和酸黄瓜酱。

4 底部的圆面包片上涂抹黄芥末，上方圆面包切面涂抹美乃滋。

5 底部的圆面包上摆放 3 的蔬菜，叠上油炸白肉鱼，再放巧达起司，覆盖上方圆面包。

德国酸菜热狗

面包中夹着腊肠的热狗面包，也是大家所熟知的种类之一。
特别是添加了大量德国酸菜的单品，更是固定的基本款。
在此考虑到搭配德国风味的腊肠，因此选用天然酵母面包，并享受其轻盈的风味。

材料
热狗面包（16cm×4cm×3cm）
1条
腊肠　1根
酸黄瓜酱　1小匙
洋葱（切碎）　1小匙
黄芥末　1大匙
美乃滋　1大匙
德国酸菜　100g

* 腊肠，使用添加了香草，口感筋道的
产品。
* 德国酸菜的使用抑制了甜味，使成品
呈现酸咸风味。

2
在铁板上（家庭可用平底锅代替）
煎烤腊肠。

6
面包温热后，夹入腊肠。

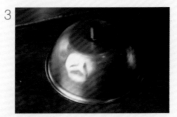
3
加盖蒸烤。

7
摆放上酸黄瓜酱和洋葱。

4
为避免面包过度烘烤需要在其下放
垫放勺子等，加盖蒸烤。

8
浇淋黄芥末，美乃滋以划线般挤在
表面。

1
热狗面包用刀划切出切口（不要切
断面包）。

5
腊肠翻面，掀开盖子后继续煎烤。

9
盛放上大量温热的德国酸菜。

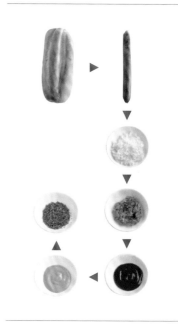

原味热狗堡

腊肠，请选择咀嚼时有爽脆口感的产品。

材料

热狗面包（18cm×7cm×5cm） 1条
腊肠（20cm） 1根
洋葱（切碎） 1大匙
酸黄瓜酱 1大匙
西红柿酱 1大匙
黄芥末 1大匙
巴西利 适量

1 热狗面包中央划切出切口（不要切断），放置于铁板上（家庭可用平底锅代替）烘热，边翻面边注意不要烘烤出焦色。

2 将腊肠放置于铁板上（家庭可用平底锅代替），煎烤至表皮酥脆。

3 打开面包切口，夹入腊肠，再摆放上洋葱和酸黄瓜酱，挤上大量的西红柿酱和黄芥末，撒上巴西利末。

辣豆酱热狗堡

热狗上摆放大量辣味豆，是美式风味浓郁的热狗堡。

辣味豆是以市售的炖辣肉酱（chili con carne）为基底，加入辣酱重新调和风味而成。

BROZERS'

材料

热狗面包（18cm×7cm×5cm） 1条

腊肠（20cm） 1根

洋葱（切碎） 1大匙

酸黄瓜酱 1大匙

辣味豆 2大匙

巴西利 适量

* 辣味豆是在市售的炖辣肉酱（chili con carne）中添加辣酱，调味制作而成。

1 热狗面包中央划切出切口（不要切断），放置于铁板上（家庭可用平底锅代替）烘热，边翻面边注意不要烘烤出焦色。

2 将腊肠放置于铁板上（家庭可用平底锅代替），烘烤至表皮酥脆。同时温热辣味豆。

3 打开面包切口，夹入腊肠，再摆放上洋葱和酸黄瓜酱，淋上辣味豆。撒上巴西利末。

专栏

包装三明治① >>> 保持外形

三明治的外带需求较大。法国长棍面包或贝果等材质较硬的面包不需要担心压扁食材，但使用吐司等柔软面包制作的三明治若用保鲜膜包覆，就很可能会压扁食材或面包。用石蜡纸（paraffin paper）等柔软且不易沾染油污的纸，沿着三明治的形状包覆，就能保护外形和柔软度了。

面包与所夹食材皆很柔软时，可以如左边照片般符合外形地仔细包覆。法国长棍面包或农家面包等硬质面包，外形不易被破坏，因此可以如右图般粗略地包覆即可。

开面三明治

tartine

传统"Tartine"是指涂抹了奶油或果酱的面包。

现在则多半用来表示

面包表面摆放了食材的开面三明治。

不受制于"夹入"的概念，因此有更多可以自由发挥的空间。

也是种充满视觉飨宴的三明治。

海鲜法式开面三明治

以代表南法的法式鳕鱼酱搭配普罗旺斯炖菜的组合。
还能同时品尝到柔软滑顺的半熟鸡蛋。

Patisserie Madu

材料
芝麻面包（13cm×11cm×1cm）　1片
法式鳕鱼酱（Brandade）　略多于1
大匙
皱叶生菜　2片
普罗旺斯炖菜 Ratatouille　100g
半熟鸡蛋　1个
粗粒黑胡椒　适量

* 法式鳕鱼酱，是将鳕鱼干泡水还原并除去盐分，与香草一起炖煮至鱼肉散开，连同烫煮过的马铃薯一起放入搅拌机搅碎，少量逐次地加入牛奶和橄榄油，以调整浓度，用胡椒调味。
* 普罗旺斯炖菜，切成块状的节瓜、茄子、红黄椒，以橄榄油、盐、胡椒、普罗旺斯香草、压碎的大蒜一起浸渍一夜。连同汆烫去皮切块的西红柿一起放入加热的锅中拌炒，以白葡萄酒调味。

1　将法式鳕鱼酱薄薄地涂抹在芝麻面包上，放入烤箱略加烘烤。
2　铺放皱叶生菜，再放上大量普罗旺斯炖菜。
3　摆上半熟鸡蛋，在鸡蛋上撒放粗粒黑胡椒。

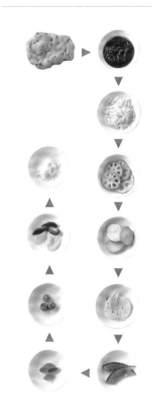

鲜蔬满点开面三明治

在柔软且方便食用的佛卡夏上放上色彩鲜艳蔬菜的开面三明治。
分别处理过的蔬菜，使人感受到不同口感，令人乐在其中。

Painduce

材料

南瓜佛卡夏（14cm×10cm×1.5cm）
1个
西红柿酱汁　20g
综合起司　2大匙
莲藕（片状）　4片
马铃薯（片状）　3片
洋葱（片状）　2片
南瓜（片状）　2片
胡萝卜（片状）　4片
腊肠　3片
甜椒（红、黄）　各3片

盐、胡椒　各适量
帕玛森起司　适量
橄榄油　适量

* 莲藕切成3mm厚的片状，用盐水汆烫。
* 马铃薯带皮蒸熟后切成5mm厚的片状。
* 洋葱切成月牙状，放入烤箱烘烤。
* 南瓜切成5mm厚片状，放入烤箱烘烤。
* 胡萝卜切成薄片，用砂糖、奶油和盐一起煮软。
* 腊肠片用橄榄油香煎。
* 红黄椒放入烤箱烘烤。

1 南瓜佛卡夏涂上西红柿酱汁，撒上综合起司。放入烤箱烘烤。
2 排放上莲藕，上面再叠放马铃薯。
3 避免重叠地散放上洋葱、南瓜、胡萝卜、腊肠、红黄椒。
4 以盐、胡椒调味，撒上帕玛森起司。放入烤箱烘烤。
5 表面用喷枪炙烧至出现焦色。淋上橄榄油。

有机莲藕法式开面三明治

具有清脆口感的莲藕是本款主角。烟熏鸡肉和巧达起司的饱足感，正好可以用巴萨米克醋加以中和。

Painduce

材料
法式长棍面包（Baguette）
（13cm×6cm×2cm） 1片
白酱（Béchamel Sauce） 1大匙
烟熏鸡肉（片状） 7～8片
莲藕（片状） 5片
巧达起司（Cheddar） 3大匙
巴萨米克醋（Balsamico） 1小匙
盐 适量
胡椒 适量

* 法式长棍面包，即使用以全麦和裸麦粉制作的法式长棍乡村面包（Baguette paysanne）。
* 白酱，将奶油融化于锅中，放入切碎洋葱拌炒，加进低筋面粉炒至没有粉味成为基底酱。以牛奶稀释，用盐、胡椒调味。
* 烟熏鸡肉，使用市售品。

1 在法式长棍面包上涂抹白酱。
2 排放烟熏鸡肉片，再略为重叠地排放莲藕。
3 淋上巴萨米克醋，撒上盐、胡椒。
4 撒上巧达起司，放入烤箱烘烤。

有机茄子法式开面三明治

茄子和西红柿是搭配性很高的食材组合。加入红椒粉的西红柿酱汁以及
散放在茄子上的戈尔根佐拉起司，是本品风味的关键。

Painduce

材料
法式长棍面包（Baguette）
（9cm×8cm×2cm） 1片
西红柿酱汁 1大匙
综合起司 2大匙
里脊火腿（Loin ham） 1片
茄子（片状） 5片
戈尔贡佐拉起司（Gorgonzola） 少量
帕玛森起司（Parmesan） 1大匙
橄榄油 适量
盐 适量

* 法式长棍面包，使用面包中央柔软且内侧
白色部分较多的巴塔（Batard）面包。
* 西红柿酱汁中添加了红椒粉。

1 在法式长棍面包上涂抹西红柿酱
汁。
2 撒上综合起司。
3 排放里脊火腿片、片状茄子（厚
5mm）。
4 浇淋上橄榄油，撒上盐调味。
5 散放撕成小块的戈尔贡佐拉起司。
6 撒上帕玛森起司，放入烤箱烘烤。

有机洋葱法式开面三明治

洋葱搭配巴萨米克醋可以引出甘甜风味。
绝配的培根和鳗鱼一同摆放在面包上，烘烤出香气。

Painduce

材料
法式长棍面包（Baguette）
（12cm×6cm×2cm） 1片
白酱（Béchamel Sauce） 1大匙
鳗鱼 少量
培根（片状） 1片
香炒洋葱 1/2个
帕玛森起司（Parmesan） 1大匙
松子 适量

* 法式长棍面包，是使用以法国面包面团烘烤成细长形的法式传统长棍面包（Baguette Tradition）。
* 香炒洋葱，切片的洋葱用少量的油和巴萨米克醋炒至上色为止。

1 在法式长棍面包上涂抹白酱，摆放上切碎的鳗鱼。
2 排放培根，大量堆放香炒洋葱。
3 撒上帕玛森起司，放入烤箱烘烤。
4 撒上烤过的松子，用喷枪上色。

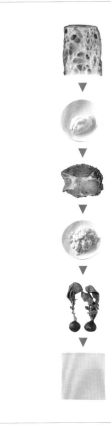

有机樱桃萝卜法式开面三明治

樱桃萝卜和美式炒蛋的开面三明治。
铺放的黑胡椒火腿更增添饱足感。

Painduce

材料
法式长棍面包（Baguette）
（8cm×8cm×2.5cm） 1片
白酱（Béchamel Sauce） 1大匙
黑胡椒火腿（片状） 1片
美式炒蛋 1个鸡蛋
樱桃萝卜 1个
巧达起司（Cheddar）（片状） 1片
盐 适量
橄榄油 适量

* 法式长棍面包，使用面包中央柔软且内侧白色部分较多的巴塔（Batard）面包。
* 美式炒蛋，炒制添加盐、牛奶一起拌炒。
* 樱桃萝卜带着叶子直接用盐水烫煮，纵向对切。

1 在法式长棍面包上涂抹白酱。
2 放上黑胡椒火腿片，再摆放美式炒蛋。
3 放上樱桃萝卜，撒上盐调味，摆放巧达起司片。
4 用烤箱烘烤完成后，浇淋上橄榄油。

有机青葱与蓝纹起司法式开面三明治

满满的青葱，烘烤得香气四溢并释放出甜度，
与起司和培根的咸度搭配形成绝妙的风味。

Painduce

材料
法式长棍面包（Baguette）
（14cm × 4.5cm × 2cm） 1 片
白酱（Béchamel Sauce） 1 大匙
戈尔贡佐拉起司（Gorgonzola） 少量
培根 1 片
青葱 3 ~ 4 根
帕玛森起司（Parmesan） 1 大匙
盐 适量
胡椒 适量
橄榄油 适量

* 法式长棍面包，使用天然酵母（液种）制
作的法式面包（Baguette Levain）。

1 在法式长棍面包上涂抹白酱。
2 散放撕成小块的戈尔贡佐拉起司。
3 排放培根，大量撒上切成葱花的青葱。
4 撒放盐、胡椒。
5 撒上帕玛森起司，放入烤箱烘烤至呈烤色。浇淋橄榄油。

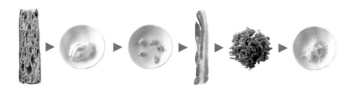

阿尔萨斯（Alsace）

酸菜与猪梅花肉慢火炖煮而成的自制酸菜猪肉锅，与维也纳香肠拌炒。
是款分量十足的开面三明治。

ESPACE BURDIGALA

材料
面包（15cm×7cm×1cm）　2片
酸菜猪肉　100g
腊肠（斜切片状）　1根
百里香、迷迭香（切碎）　适量
杜松子（切碎）　适量
条状酸黄瓜　适量
巴西利　适量
芥末籽酱　适量

* 面包，使用称为"Marchand de Vin"的原创面包。此款面包由混合裸麦烘焙而成，略带酸味有着绵软口感是其特征。适合搭配肉类。

* 酸菜猪肉锅（方便制作的分量），猪梅花肉块150g，用盐、胡椒腌渍一夜。加热平底锅，把猪肉表面烧出焦色。加入1个洋葱（片状）、200g培根（短条状）拌炒，放进500g德国酸菜混拌，加入80ml醋（白酒醋和雪莉醋sherry vinegar）、200ml白葡萄酒、100ml苦艾酒Vermouth、巴西利的茎、月桂叶、杜松子、百里香，熬煮约75min。

1　面包双面烘烤。
2　在平底锅中拌炒酸菜猪肉和腊肠，加入百里香、迷迭香、杜松子。
3　将2盛放在一片面包上。摆放条状酸黄瓜和巴西利，再摆放另一片面包。
4　附上芥末籽酱。

生火腿与芝麻叶法式开面三明治

生火腿与芝麻叶的基本组合中，添加切碎的西红柿与鳗鱼、
烘烤过的核桃，让人百吃不厌。

Patisserie Madu

材料
农家面包（Rustic Bread）（14cm×
7cm×1cm） 2片
黄芥末酱汁 适量
生火腿（Prosciutto） 2片
西红柿鳗鱼酱汁 2大匙
芝麻叶沙拉 5～6片
核桃 适量

* 黄芥末酱汁，是煮沸250g鲜奶油，加入
150g格鲁耶尔起司，加热至溶化后关火。
加入100g第戎黄芥末制作而成的（方便制
作的分量）。
* 西红柿鳗鱼酱汁，是切成粗粒的西红柿与
鳗鱼以2:1的比例，加入橄榄油混拌而成。
* 芝麻叶沙拉，将5～6片芝麻叶切碎，加
入1大匙烘烤过的核桃混拌。以沙拉酱汁（橄
榄油、白酒醋、芥末籽酱、盐、胡椒）混拌。

1 在农家面包上薄薄地涂抹芥末酱
汁。用两片面包排成圆形。
2 排放生火腿避免露出面包外。
3 薄薄地涂抹上西红柿鳗鱼酱汁。
4 将核桃混入芝麻叶沙拉中，大量
摆放在中央。

肉酱与胡萝卜沙拉法式开面三明治

胡萝卜沙拉和肉酱，两者皆是法式料理的基本元素。
摆放在添加了谷片的面包上，更是分量十足。

Patisserie Madu

材料
添加谷片的面包（10cm×9cm×1cm）
2 片
绿叶沙拉　适量
胡萝卜沙拉　1/3 根
肉酱　2 汤匙
杏仁　适量
巴西利　少量

* 添加了谷片的面包，是在裸麦面团中添加
了葵瓜子、大麦、亚麻仁……烘烤而成的
面包。
* 绿叶沙拉，混合了皱叶生菜、蘑菇、芝麻叶、
苦菊的沙拉。
* 胡萝卜沙拉，用水冲洗的胡萝卜丝，撒上
盐待其软化后，混拌沙拉酱汁（橄榄油、白
酒醋、芥末籽酱、盐、胡椒）。
* 肉酱，猪梅花肉块撒上2%的盐，稍加放置。
拭干水分，以白葡萄酒烹煮。用加入了大蒜
和洋葱的猪油与核桃油进行油封烹调。过滤
油脂放凉。猪肉和蔬菜以搅拌机打碎，少量
逐次地加入油脂。

1　在谷片面包上排放绿叶沙拉。
2　叠放胡萝卜沙拉，摆上以汤匙挖
出的圆形肉酱。
3　将杏仁碎粒装饰在肉酱上，再撒
上巴西利碎。

朗德（Landes）

放上法国朗德省（Landes）产的鹅肝，就是丰富豪华的开面三明治了。
苦菊的微苦，平衡了鹅肝的美味，非常适合佐以葡萄酒。

ESPACE BURDIGALA

材料

全麦面包（15cm×6cm×1.5cm）　2片
苦菊（纵向切丝）　2片
四季豆　3根
巴西利（切碎）　适量
红葱（切碎）　适量
鹅肝　50g
西洋菜　适量
盐　适量
胡椒　适量
洋葱酱汁　适量
焦糖酱　适量

* 四季豆以盐水汆烫。

* 焦糖酱，混合蜂蜜与砂糖加热，待呈现茶色后，为阻止颜色变深而适量地添加柳橙汁。完成时撒上较多黑胡椒。

1　烘烤两片全麦面包，两面都要烤。
2　鹅肝以盐、胡椒调味。在平底锅内放入鹅肝和苦菊，利用鹅肝释出的脂肪拌炒。使苦菊饱含脂肪的美味。

3　当鹅肝加热至适当的熟度后，取出，放入烫煮过的四季豆，再加入切碎的巴西利和红葱，倒入洋葱酱汁拌炒。
4　将拌炒好的苦菊和四季豆摆放在全麦面包上。
5　叠放香煎鹅肝，浇淋上焦糖酱汁。
6　摆放西洋菜，再将另一片面包斜放在一侧。

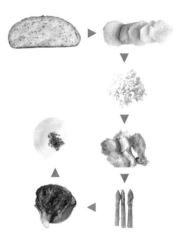

烤鸡肉与舞菇法式开面三明治

烤马铃薯搭配鸡肉和芦笋,是分量十足的开面三明治。
添加了酱油的舞菇酱汁正是风味的关键。

Patisserie Madu

材料
添加荞麦粉的面包(16cm×6.5cm×
1cm) 1片
烤马铃薯 5片
格鲁耶尔起司(gruyere) 1大匙
烤鸡肉 3片
芦笋 3根
舞菇酱 2大匙
巴西利 适量

*烤马铃薯,是将马铃薯切成3mm厚的片状,
将浸渍了橄榄油、盐、胡椒、大蒜的马铃薯,
以铝箔纸包覆并放入烤箱烘烤。
*烤鸡肉,鸡胸肉以橄榄油、迷迭香、百里
香浸渍后,以烤箱烘烤完成。
*芦笋尖端穗状部分用盐水烫煮。
*舞菇酱,在焦化奶油(Beurre Noisette)
中放入干燥西红柿糊、柠檬汁、绿胡椒、酱
油,加热煮沸,再放入舞菇迅速加热煮熟。

1 将烤马铃薯排放在含有荞麦粉的
面包上。
2 撒上格鲁耶尔起司,用烤箱烘烤
至起司融化为止。
3 排放烤鸡肉,中间放置芦笋。
4 浇淋上舞菇酱,撒上巴西利。

佩里戈尔 (Perigord)

将添加鲜奶油的蛋液，加上佩里戈尔地区出产的黑松露煎成蛋卷，
所制成的开面三明治。当蛋液被加热凝固时产生的一层薄膜包覆、
中间呈浓稠状态时要立刻盛放到面包上是这款单品的制作关键。

ESPACE BURDIGALA

材料
全麦面包（15cm×6cm×1.5cm）
2 片
鸡蛋　2 个
鲜奶油　15g
黑松露（truffle）（切碎）　少量
奶油　1 小匙
盐　适量
巴西利　适量

1　鸡蛋磕入碗中，加入鲜奶油和黑松露，充分混拌，用盐调整风味。烘烤全麦面包备用。

2　在平底锅中放入奶油加热。奶油融化后，倒入 1，边用叉子充分搅散边进行烘煎。

3　待底部产生一层薄膜时，离火，盛放至全麦面包上，撒上巴西利，再将另一片面包斜放在一侧。

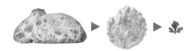

油渍沙丁鱼法式开面三明治

油渍沙丁鱼搭配上葱段及烟熏起司是非常有特色的开面三明治组合。
薯泥能够让强烈而有力的风味更柔和。

Painduce

材料
天然酵母法式面包（Pain au Levain）
（9cm×8cm×1cm） 1 片
白酱（Béchamel Sauce） 1 大匙
薯泥 3 大匙
青葱（葱花） 1/2 根
烟熏起司（小方块） 约 15 个
油渍沙丁鱼 2 条
帕玛森起司（Parmesan） 1 大匙
盐 适量
胡椒 适量
橄榄油 适量

* 天然酵母法式面包，使用天然酵母烘烤出的朴质面包。

* 薯泥，将蒸熟的马铃薯压碎制成。

1 在天然酵母法式面包上涂抹白酱。
2 摆放上薯泥，摊平。
3 放上一半用量的葱花，撒上小方块状的烟熏起司。
4 摆放油渍沙丁鱼，再撒上其余的葱花。
5 用盐、胡椒调味，撒上帕玛森起司，放入烤箱烘烤。
6 为增添香气可浇淋上橄榄油。

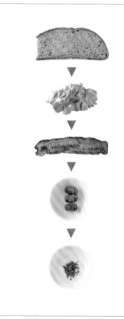

酪梨鲜虾法式开面三明治

大量堆放的酪梨和鲜虾，搭配煎烤得香脆的培根，
多层次的口感正是本品重点。黑胡椒的风味更令人食指大动。

Patisserie Madu

材料
乡村面包（18cm×7cm×1cm） 1片
酪梨鲜虾 200g
培根（片状） 1片
蘑菇 1.5个
巴西利 适量
橄榄油 适量

* 酪梨鲜虾，压碎 1/2 个酪梨，混拌用水冲洗过 1/4 个切碎的洋葱、1/4 个切碎的西红柿，再混拌 50g 盐水烫煮过的鲜虾，以美乃滋、盐和胡椒调味。
* 培根，煎烤得香脆并撒上黑胡椒。
* 蘑菇，用奶油香煎，撒上盐、胡椒。

1 在乡村面包上浇淋橄榄油，烘烤。
2 均匀地排放酪梨鲜虾，摊平。
3 摆放香脆培根、蘑菇。
4 散放巴西利。

鲑鱼慕斯与朝鲜蓟法式开面三明治

大量摆放的鲑鱼慕斯，因添加了豆腐使得风味更显轻盈。
略厚的西红柿片、苦苣更添清爽口感。

Patisserie Madu

材料
裸麦面包（11cm×8.5cm×1cm） 2片
西红柿（片状） 2片
朝鲜蓟 适量
苦苣 2片
鲑鱼慕斯 2汤匙
酸豆 2个
莳萝 2根

* 鲑鱼慕斯，是将奶油起司、豆腐、烟熏鲑鱼以1:2:1的比例混合，以搅拌机搅打。添加鲜奶油，使口感更滑顺，添加少量果胶稍加混拌。以盐、胡椒调味，混入细香葱。

1 并排两片裸麦面包，摆放西红柿片。
2 放上苦苣，中央放鲑鱼慕斯。
3 用酸豆和莳萝装饰在慕斯上，西红柿的侧面以朝鲜蓟装饰。

西西里（Sicile）

以经常食用旗鱼和金枪鱼的西西里为灵感，制作出的三明治。
金枪鱼颊边肉，以香草油浸渍一夜更加入味后再使用。

ESPACE BURDIGALA

材料
全麦面包（11cm×8cm×2cm） 2片
皱叶生菜 适量
金枪鱼颊边肉 100g
橄榄油 适量

* 全麦面包，是使用以全麦粉面团烘焙的
"Whole Wheat Bread"。

* 香煎金枪鱼颊边肉，1kg 的金枪鱼颊边肉，
以大蒜风味的油脂、百里香、月桂叶浸渍一
夜。翌日香煎金枪鱼并切成小块，与 3 个
切成小块的西红柿、3 个水煮蛋（切碎）、
1/2 个紫洋葱（切末）、75g 费达起司（Feta
Cheese）、20g 酸豆、1/2 个柠檬汁、适量
的盐、胡椒、橄榄油、巴西利（切碎），混
拌。放入冰箱可保存 3 ~ 4 天。

1 面包两面都烘烤至金黄。
2 切半后并排，铺放皱叶生菜，分
别放上 50g 的香煎金枪鱼颊边肉。
3 再将另一片面包斜放在一侧。
4 完成后浇淋上橄榄油。

勃艮第（Bourgogne）

以香蒜田螺专用奶油香煎螺肉和 5 种菇类，
大量盛放在切成薄片的烤面包上，是非常适合搭配葡萄酒的开面三明治。

ESPACE BURDIGALA

材料
面包（15cm × 7cm × 0.5cm） 2 片
香蒜田螺专用奶油（Escargot butter）
40g
酸豆 13 粒
茴香酒（Pastis） 5ml
香煎 5 种菇类 30g
螺肉（切成小块） 60g
四季豆 2 根
迷你小西红柿 2 个
莳萝、巴西利 各适量
柠檬 适量

* 面包请参照 139 页。切半使用。
* 香蒜田螺专用奶油，混拌 200g 无盐奶油、50g 的巴西利（切碎）、100g 红葱（切碎）和 10g 大蒜（切碎），再添加 5g 食盐调整味道。
* 香煎 5 种菇类，将蘑菇、香菇、鸿喜菇、杏鲍菇、舞菇切成适当大小，以色拉油香煎，用胡椒调味。

1 面包两面都烘烤至金黄。

2 将香蒜田螺专用奶油放至平底锅中加热，奶油融化后放入酸豆稍加拌炒至略呈焦色。

3 倒入茴香酒，加热至酒精挥发，放入 5 种香煎菇类、螺肉、烫煮过的四季豆（切段）、迷你小西红柿拌炒。

4 将面包盛盘，并摆放 3。

5 放上莳萝、巴西利，再以柠檬装饰。

萨瓦多姆起司法式开面三明治

主角是法国萨瓦地区的起司——萨瓦多姆起司 Tomme de Savoie。
用奶油和鲜奶油拌炒洋葱和马铃薯，更添浓郁香醇的开面三明治。

Boulangerie Takeuchi

材料
乡村面包（30cm×8cm×1cm）　1片
香煎土豆和洋葱　右记 * 的全部量
萨瓦多姆起司（Tomme de Savoie）
2片
帕玛森起司（Parmesan）　适量
核桃　10片
橄榄油　适量
黑胡椒　适量

* 香煎土豆和洋葱，用奶油拌炒 1/2 个洋葱（片状）和 1 个蒸土豆（片状），添加 25ml 的鲜奶油一起烹煮。以盐、胡椒调味完成。

* 萨瓦多姆起司，是法国萨瓦地区非加热压榨型的起司。切开表皮后，切成 5mm 厚的片状。

* 核桃，烤香使用。

1　在乡村面包上均匀摊满香煎土豆和洋葱。

2　撒放撕碎的萨瓦多姆起司。

3　浇淋橄榄油，轻轻撒放帕玛森起司。

4　放入 250℃ 的烤箱内，烘烤约 4min，散放 4 片压碎的核桃。

5　撒上大量的黑胡椒，浇淋上橄榄油。

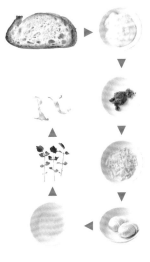

巴黎 (Paris)

并排排列的蘑菇及蘑菇酱、起司是绝妙的搭配，
彷佛深受女性喜爱的正宗法式热吐司三明治的 croque-monsieur 风格。

ESPACE BURDIGALA

材料
面包（15cm×7cm×1.5cm） 2 片
白酱（Béchamel Sauce） 2 大匙
蘑菇酱（Duxelles） 8g
格鲁耶尔起司（Gruyère）（切细丝）
15g
蘑菇（略厚的片状） 2 个
巴西利（切碎） 适量
洋葱酱 适量
西洋菜 滴量
杏鲍菇脆片 2 片
盐之花（fleur de sel） 适量

* 面包请参照 127 页。
* 白酱，100g 奶油加热融化后，加入 100g
面粉，为避免烧焦应以小火拌炒。待粉类完
全受热，变得干松时，倒入 1L 的温牛奶，
充分搅拌避免结块。待浓稠时即已完成。
* 蘑菇酱，270g 磨菇（切碎）和 1/2 个洋葱
（切碎）用 2 大匙奶油拌炒至水分收干后，
加入茴香酒，以盐、胡椒调味煮至收干汤汁。
* 杏鲍菇脆片，是将杏鲍菇切成薄片，以低
温烤箱烘烤至干燥呈香脆状态。

1 烘烤面包的两面。在一片面包上
涂上白酱，一面铺上蘑菇酱。
2 散放格鲁耶尔起司，放入上火烤
箱（Salamander）烘烤至融化。
3 将蘑菇并排摆放，撒上盐之花、
巴西利，浇淋上洋葱酱。
4 用上火烤箱加热蘑菇，摆放西洋
菜、杏鲍菇脆片，荏旁边斜放另一
片面包。

⊕ 专栏

包装三明治② >>> 展现出切面

将三明治分切成易于食用的大小后再进行包装，过程中希望能将横切面的食材展现出来，显得更加美味，通常使用的是保鲜膜或塑料等透明的包装材料。因店家不同而有不同，有些店家会配合三明治形状，准备出具原创性的包装材料。

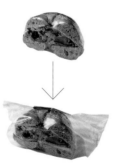

像贝果一样有着扎实形状的面包，牢牢包起也不会压扁食材。放入袋内前，用保鲜膜包覆，也可以防止外形的被破坏。

上方照片中是食材不易崩散，又能感觉到其分量十足的例子。下方照片则是小巧的便于携带的包装。

茶点三明治

for tea time

源自意大利，搭配午茶用手取食的三明治。

利用柔软的吐司，薄薄地包夹住食材是最基本的形式。

最常见的三角形三明治也可以作为茶点三明治，

在此连同使用大量鲜奶油的点心三明治也一并介绍。

综合三明治

一口就能食用的优雅三明治。烤牛肉、蔬菜、火腿、蛋沙拉等基本的食材组合，其中任何一项都是受欢迎的食材单品。使用口感柔软润泽的面包，是最重要的环节，为了保持这样的柔软口感，外带时会提供4种一套的小塑料袋包装。

材料

[烤牛肉]
吐司　2 片
烤牛肉（3mm 厚）　1 片
盐、胡椒　各少量
多蜜酱（demi-glace sauce）　适量

[蔬菜]
吐司　2 片
小黄瓜（3mm 厚）　6 片
西红柿（2mm 厚）　3~4 片
生菜　1 片
盐、胡椒　各少量
美乃滋　5g

[火腿]
吐司　2 片
火腿（3mm 厚）　1 片
美乃滋　5g

[蛋沙拉]
吐司　2 片
蛋沙拉　70g

* 吐司，使用可切成 40 片的吐司 1 条。
1 片的大小约为 12cm×11cm×0.8cm。
* 烤牛肉，用铝箔纸包覆 6~7kg 的胸肉块，放入 180℃的烤箱烘烤 5h。放凉后，待肉块定型，配合吐司的尺寸分切。
* 蛋沙拉，制作水煮蛋，去壳切成极薄的片状（若切碎的话口中会残留颗粒感，因此切成片状）。鸡蛋 1.5 个，美乃滋用量为 15g，撒上盐、胡椒，充分混拌。

[烤牛肉]

1

烤牛肉切成 3mm 厚的片状。

2

切除多余的脂肪和筋膜。

3

配合吐司的大小，将烤牛肉仔细地排放，撒上盐、胡椒，浇淋多蜜酱。覆盖上吐司。

[蔬菜]

1

小黄瓜片切成与吐司相同的宽度，略加层叠地排放。西红柿洗净去籽，切成片状排放在小黄瓜上。

2

撒上盐、胡椒，再叠放上生菜。

3

另一片面包上涂抹美乃滋。

4

覆盖住食材。再叠放在烤牛肉三明治上。

[火腿]

1

吐司上摆放一片火腿。另一片吐司涂抹美乃滋后叠放。再层叠在蔬菜三明治上。

[蛋沙拉]

1

将鸡蛋切成薄片，以美乃滋、盐、胡椒，调出清淡的风味。

2

将蛋沙拉均匀地铺满在吐司上。

3

覆盖另一片吐司，再叠放在火腿三明治上。

[完成]

1

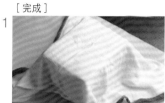

叠放四种食材的三明治，用拧干的湿布巾覆盖放置 5 ~ 10min，使其定型。

2

切掉吐司边。

3

首先纵向对切。

4

再将切面朝上地分切成 3 等份。另外一边也同样分切。

可可 / 奶油饼干三明治

夹入大量鲜奶油的三明治，不论男女老少都很喜爱。

在此介绍夹入柔软润泽的鲜奶油和酥脆饼干、口感新鲜有趣的三明治。

切成三角形时，呈现出漂亮切面是制作时的重点。

材料

吐司（10.5cm×10.5cm×1cm）

4 片

打发鲜奶油　80g

可可饼干　1 片

黄油饼干　1 片

* 吐司预先切除吐司边。上述尺寸是切除吐司边后的尺寸。

*打发鲜奶油，鲜奶油加入砂糖、香草精，搅打至完全打发。注意控制砂糖用量。

1

打发鲜奶油，搅打成完全打发的固态，避免过度打发否则会产生分离。

2

将饼干切成 4 等分，其中一片再分切成两小片。

3

一片吐司上涂抹 20g 打发鲜奶油，平整鲜奶油表面。

4

如照片般排放饼干。在对角线位置排放四等分的饼干，两侧再分别放置其余的两小片。

5

另一片吐司上平整地涂抹 20g 的打发鲜奶油，叠放在 4 上面。

6

用手掌轻轻按压，使鲜奶油能填满饼干周围并定型。

7

划切对角线（摆放饼干的地方），分切成三角形。饼干较为坚硬，因此必须控制力道，一气呵成地切下，以防止切碎饼干。

8

如照片般，切成饼干漂亮排列的横切面。

9

黄油饼干也同样地分切成 4 等份，其中一片再分切成两小片。

10

在涂抹了鲜奶油的吐司上，如照片般排放黄油饼干。

11

其余的面包也涂抹鲜奶油，叠放。划切对角线（摆放饼干的地方），一气呵成地分切。

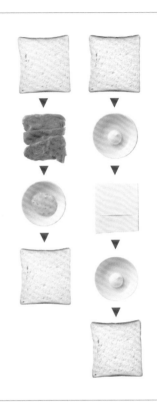

鲑鱼卡门培尔起司三明治

为了能美味地品尝带着脂肪的烟熏蛙鱼，
因而搭配上清爽的柠檬和略带酸味的美乃滋。

Akatombo

材料

[烟熏鲑鱼]
吐司（12cm×11cm×0.8cm）　2片
烟熏鲑鱼（片状）　3片
烟熏鲑鱼用美乃滋　5g

[起司]
吐司（12cm×11cm×0.8cm）　2片
奶油起司（Cream cheese）　10g
卡门培尔加工起司（片状）　1片

* 烟熏鲑鱼用美乃滋，在美乃滋中添加适量的薄片洋葱和切碎的酸豆、柠檬汁混拌而成。

* 卡门培尔加工起司（Camembert Processed Cheese），使用加工的片状起司。

1　制作烟熏鲑鱼三明治。在一片吐司上避免重叠地整面排放烟熏鲑鱼。

2　另一片面包上薄薄地均匀涂抹烟熏鲑鱼用美乃滋。

3　制作起司三明治。在一片吐司上薄薄地涂抹奶油起司。

4　上面摆放卡门培尔加工起司。

5　另一片面包上薄薄地涂抹奶油起司，叠放。

6　将烟熏鲑鱼和起司三明治组合成一组，用拧干的湿布巾覆盖5~10min，使其定型入味。

7　切掉吐司边，纵向对切。切面朝上，为了方便食用再分切成3等份。

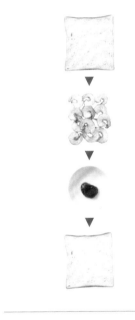

炸虾三明治

薄薄地裹粉油炸而成的炸虾，口感轻盈，用酸甜的辣酱来提味。
点餐堂食时以现炸热食呈现，外带时则会稍加放凉后再进行制作。

Akatombo

材料
吐司（12cm×11cm×0.8cm） 4 片
炸虾　12 条
美乃滋　20g
辣酱　16g

* 炸虾，1/2 个蛋液中添加 15g 玉米粉，制作出如面衣般硬度的沾裹材料。小虾先除去泥肠，撒上盐、胡椒，裹满沾裹材料，放入 180℃的热油中快速油炸。沥干油，放凉备用。

1　两片吐司的单面都薄薄地涂抹上美乃滋。
2　炸虾横向对半剖开，避免重叠地排放在二片面包上。
3　另外两片面包薄薄地均匀涂抹上微辣的辣酱。
4　叠放两组面包，用拧干的湿布巾覆盖 5 ～ 10min，使其定型入味。
5　切掉吐司边，纵向对切。切面朝上，为了方便食用再分切成 3 等份。

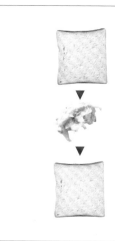

蟹肉白酱三明治

需要预约的限定三明治。制作略硬的蟹肉白酱，在冰箱放置一夜使其凝固后使用。
分切前略加冷藏更能切出漂亮切面。

Akatombo

材料
吐司（12cm×11cm×0.8cm） 4片
蟹肉白酱 140g（70g×2组）

* 蟹肉白酱，预备1kg略硬的白酱（奶油与高筋面粉4：6比例混合，充分搅拌均匀，制作成基底。添加基底用量约4倍的牛奶稀释）。200g的洋葱和40g的蘑菇片，用奶油拌炒至食材变软，加入120g的蟹肉，以白酒、盐、胡椒、帕玛森起司来调整味道。将炒好的材料与白酱混拌，静置于冰箱一夜。

1 充分混拌蟹肉白酱使其成为滑顺状态。两片吐司均匀地涂抹上蟹肉白酱。

2 叠放上另外两片吐司。

3 两组吐司叠放，用保鲜膜包覆。放置于冰箱静置30min，使白酱紧实。若没有充分静置，则无法切出漂亮的切面。

4 取出剥除保鲜膜，纵向对切。切面朝上，为了方便食用再分切成3等份。

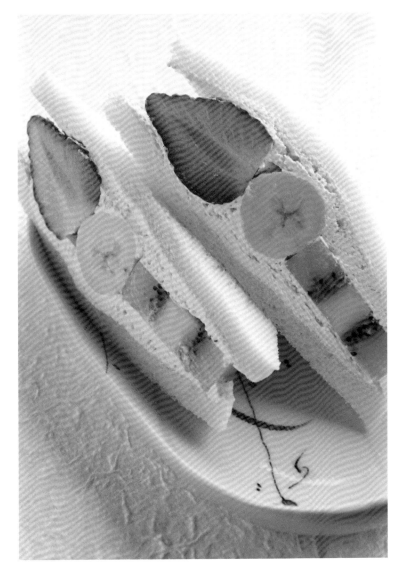

特选新鲜水果三明治

使用块状水果营造出分量感十足的水果三明治。

为了能固定水果的位置，使用大量的打发鲜奶油是制作的关键。

Marchen

材料

吐司（10.5cm×10.5cm×1cm）　2片

打发鲜奶油　40g

草莓　1个

香蕉　1/3根

奇异果　1片

* 打发鲜奶油请参照 144 页。

* 奇异果切成 1.5mm 的厚片。

1　鲜奶油搅打成完全打发的固态，避免过度打发产生分离。涂抹在一片吐司上，吐司中央处涂抹成隆起的状态。

2　在吐司的对角线位置排放草莓、香蕉、奇异果。

3　其余吐司涂抹上打发鲜奶油，中央处涂抹成隆起的状态，叠放在 2 上面。

4　用手掌轻轻按压，使鲜奶油能填满水果周围并定型。

5　分切成三角形，切面即能看到漂亮的水果。

橙子三明治

夹入新鲜柑橘是最受欢迎的基本款三明治。
打发鲜奶油与酸甜多汁的甘夏橙非常搭配。

Marchen

材料
吐司（10.5cm×10.5cm×1cm） 2片
打发鲜奶油 40g
橙子 4瓣

* 打发鲜奶油请参照 144 页。
* 甘夏橙剥皮，田橘瓣中取出果肉。

1 鲜奶油搅打成完全打发的固态，避免过度打发产生分离，涂抹在一片吐司上，吐司中央处涂抹成隆起的状态。
2 在吐司的对角线位置以相同方向排放 4 瓣橙子。
3 另一片吐司上涂抹打发鲜奶油，中央处涂抹成隆起的状态，叠放在 2 上面。
4 用手掌轻轻按压，使鲜奶油与橙子融合并定形。

5 分切成三角形，切面即能看到漂亮的橙子。外带时可以用此状态包装，店内有时会再次对半分切。每次分切后，都必须将刀子上的打发鲜奶油擦拭干净。

香蕉巧克力三明治

在鲜奶油中混入可可粉和巧克力酱，
制作成大理石纹鲜奶油是重点。为呈现美丽切面香蕉需要整齐排放。

Marchen

材料
吐司（10.5cm×10.5cm×1cm） 2片
巧克力鲜奶油 40g
香蕉 1/2根

* 巧克力鲜奶油，8成巧克力鲜奶油（打发鲜奶油中添加适量的可可粉搅拌而成），与巧克力酱（巧克力鲜奶油的2成用量）略加混拌而成的大理石纹鲜奶油。

1 巧克力鲜奶油搅打成完全打发的固态，避免过度打发产生分离。涂抹在一片吐司上，吐司中央处涂抹成隆起的状态。

2 纵向分切的香蕉再分切成3等份。在吐司的对角线位置排放香蕉。

3 另一片吐司也如上述操作均匀地涂抹巧克力鲜奶油，叠放在2上面。

4 用手掌轻轻按压，使巧克力鲜奶油能与香蕉融合定型。

5 分切成三角形。

新鲜蓝莓三明治

使用蓝莓果酱和新鲜蓝莓的奶油三明治。
考虑到果酱甜度与整体的搭配，若果酱较甜时可以增加打发鲜奶油的用量。

Marchen

材料
吐司（10.5cm×10.5cm×1cm） 2片
打发鲜奶油 30g
蓝莓（新鲜） 约5颗
蓝莓果酱 40g

* 打发鲜奶油请参照144页。

1 鲜奶油搅打成完全打发的固态，避免过度打发产生分离。涂抹在一片吐司上，吐司中央处涂抹成隆起的状态。

2 在吐司的对角线位置排放新鲜蓝莓。

3 另一片吐司涂抹上蓝莓果酱，中央处涂抹成隆起的状态，叠放在2上面。

4 用手掌轻轻按压，使鲜奶油与果酱融合定型。

5 分切成三角形即可看到漂亮的蓝莓切面。外带时可以用此状态包装，店内有时会再次对半分切（每次分切后，都要将刀子擦拭干净）。

朗姆葡萄干三明治

在朗姆酒中浸渍 3 个月以上的朗姆葡萄干，可依个人喜好酌量使用。
为避免影响打发鲜奶油的颜色，必须仔细沥干朗姆酒再加入。

Marchen

材料
吐司（10.5cm×10.5cm×1cm）　2 片
打发鲜奶油　40g
朗姆葡萄干　20～25 颗

* 打发鲜奶油请参照 144 页。
* 朗姆葡萄干，在容器内放入葡萄干（干燥），
倒入大量朗姆酒至少浸渍 3 个月。

1　鲜奶油搅打成完全打发的固态，
避免过度打发产生分离。涂抹在一
片吐司上，吐司中央处涂抹成隆起
的状态。

2　将充分沥干朗姆酒的葡萄干，散
放在吐司的中央，不要散放到边缘。

3　另一片吐司涂抹上打发鲜奶油，

中央处涂抹成隆起的状态，叠放在
2 上面。

4　用手掌轻轻按压，便鲜奶油与朗
姆葡萄干融合并定型。

5　分切成三角形，外带时可以用此
状态包装，店内有时会再次对半分
切，每次分切后，都必须将刀子擦
拭干净。

甜薯三明治

蒸熟的蕃薯，加上少量砂糖搅拌成为甜薯泥。
是自然甘甜的蕃薯和打发鲜奶油的搭配组合。

Marchen

材料
吐司（10.5cm×10.5cm×1cm） 2片
打发鲜奶油 20g
甜薯泥 40g

* 打发鲜奶油请参照 144 页。
* 甜薯泥，蒸熟蕃薯去皮，以滤网过滤。添加少量砂糖加热搅拌成滑顺状态。

1　鲜奶油搅打成完全打发的固态，避免过度打发产生分离。涂抹在一片吐司上，吐司中央处涂抹成隆起的状态。
2　另一片吐司抹上甜薯泥，涂抹成中央处隆起的状态，叠放在 1 上面。
3　用手掌轻轻按压，使鲜奶油与甜薯泥融合并定形。
4　分切成三角形。外带时可以用此状态包装，店内有时会再次对半分切，每次分切后，都必须将刀子擦拭干净。

红豆鲜奶油三明治

使用有机栽培的红豆，制作出少糖的红豆粒馅，再搭配鲜奶油就成为超人气组合。
使用甜馅料时，可以增加打发鲜奶油的用量以平衡甜度。

Marchen

材料
吐司（10.5cm×10.5cm×1cm） 2片
打发鲜奶油 30g
红豆粒馅 40g

*打发鲜奶油请参照 144 页。

1 鲜奶油搅打成完全打发的固态，避免过度打发产生分离。均匀平整地涂抹在一片吐司上，吐司中央处涂抹成隆起的状态。

2 另一片吐司涂抹红豆粒馅。中央处涂抹成隆起的状态，叠放在1上面。

3 用手掌轻轻按压，使鲜奶油与红豆粒馅融合并定形。

4 分切成三角形。外带时可以用此状态包装，店内有时会再次对半分切，每次分切后，都必须将刀子擦拭干净。

宴客三明治

for party

单手即可取食的三明治，
也是宴会时非常重要的美食选项。
挖取出内侧柔软部分制作成三明治的乡村面包；
有着完美横切面的卷筒状三明治；
以及色彩缤纷内容丰富的迷你开面三明治，在此介绍给大家。

乡村面包三明治

挖空外皮烘烤得香脆的大型乡村面包，将内侧的柔软面包制作成三明治再填入，就是宴会用三明治了。以不同种类的面包作出 8 种三明治填放，打开面包盖会让人眼前一亮！因为有上层面包覆盖，因此不容易干燥变硬，最适合当作伴手礼。一个面包内是 3 ~ 4 人分。

材料
乡村面包（28cm×28cm×13cm）
1 个
奶油　适量

[吐司三明治]
吐司（12cm×11cm×0.9cm）
6 片
蛋沙拉　50g
火腿（片状）　3 片
金枪鱼沙拉　50g
生菜　适量
美乃滋　适量

[添加全麦面粉的吐司三明治]
全麦吐司（12cm×11cm×0.9cm）
6 片
烟熏牛肉（Pastrami）（片状）
30g
生菜　适量
玛利波起司（Maribo Cheese）
（片状）　4 片
西红柿（半月片）　8 片
小黄瓜（片状）　5 片
美乃滋　适量

[三谷类面包]
三谷类面包（6cm×8cm×0.9cm）
8 片
奶油起司（片状）　2 片
烟熏鲑鱼（片状）　6 片
鲜虾马铃薯沙拉　100g

* 蛋沙拉，将水煮蛋切碎。混拌少量切成丁状的小黄瓜、火腿丁，再以美乃滋、盐、胡椒调味而成。
* 金枪鱼沙拉，将金枪鱼（罐头）搅散，沥干油脂与美乃滋混拌而成。
* 三谷类面包是加入黑芝麻的圆柱形面包。
* 鲜虾马铃薯沙拉，烫煮过的马铃薯后去皮切成丁状，加入汆烫后并切成适当大小的鲜虾，以美乃滋、盐、胡椒混拌。

1

用刀刃较长的面包刀，切开乡村面包的顶部。单手转动面包，边确认最初划切位置与最后转动位置，相互吻合地进行划切。

2

取下面包盖（切下的部分）。

3

使用小刀，注意不要切开底部地由四边划切。

4

将手指伸入面包底部，由划切处将内侧面包剥下。

5

面包剥下的状态。

6

预备制作三明治用的面包。在吐司和全麦吐司单面涂抹奶油。

7

在吐司和全麦吐司上，如照片般3片并排地摆放上食材。吐司放上①蛋沙拉（均匀摊平）、②火腿（火腿两片对折叠放，其上放置莴苣浇淋美乃滋，再覆盖上1片不折叠的火腿）、③金枪鱼沙拉和莴苣。全麦吐司上放置①烟熏牛肉（叠放烟熏牛肉，淋上美乃滋再摆放生菜）、②玛利波起司（放置1片起司、4片西红柿浇淋上美乃滋，再放置一片起司）、③蔬菜（叠放小黄瓜5片、西红柿4片，浇淋美乃滋）。分别将另一半分量的吐司和全麦吐司覆盖包夹住食材。

8

在4片三谷类面包上抹奶油，两片各摆放1片奶油起司和3片烟熏鲑鱼，其余两片则摆放鲜虾马铃薯沙拉。用剩余的三谷类面包覆盖食材。

9

层叠吐司和全麦吐司的三明治，切去吐司边。

10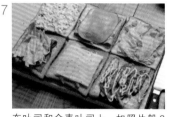

为避免面包崩坏，边用单手按压吐司，边将三明治分切成6等份。三谷类面包切除边缘后，对半分切。

11

分切好的三明治。再填入中空的乡村面包内。

12

如照片般改变三明治填入方向，使其色彩鲜艳地呈现出来。横向4组、纵向4组，共计12组三明治排放在第1层。

13

第2层也同样地排入。三谷类面包三明治会成为配色的重点，请考虑色彩均衡地将其排入。

14

覆盖面包盖，系上蝴蝶结。外带时可以放入塑料袋内。

卷筒状三明治

卷筒状三明治是宴会三明治的变化款。卷筒状三明治既方便用手拿取享用，切面又能完美呈现，也能当作华丽的餐前开胃菜。在此虽然使用了 3 种材料，但只要包卷时能成为中芯部分，方便包卷成细长状或是能与面包一起包卷的薄片状食材，都能成为应用在卷筒三明治的材料。

材料

[炸虾三明治]
吐 司（10.5cm×10.5cm×1cm）
1 片
炸虾　1.5 条
绿芦笋　1 根
皱叶生菜　1 片
黄芥末美乃滋　少量

[火腿起司三明治]
吐 司（10.5cm×10.5cm×1cm）
1 片
巧达起司（片状）　1 片
火腿（片状）　1 片
皱叶生菜　1 片
黄芥末美乃滋　少量

[牛蒡沙拉三明治]
吐 司（10.5cm×10.5cm×1cm）
1 片
牛蒡沙拉　20g
大叶紫苏　1 片
黄芥末美乃滋　少量

* 吐司先切除吐司边。上述是切除吐司边后的尺寸。
* 炸虾，先挑出虾背上的泥肠，撒上低筋面粉。沾裹蛋液、面包粉，放入180℃的色拉油内油炸。沥干油分后，放凉备用。
* 绿芦笋用热水氽烫备用。
* 牛蒡沙拉，切丝的牛蒡与胡萝卜以8:2的比例一起混合，稍加氽烫以保留脆嫩口感。沥干水分混拌美乃滋。

[炸虾三明治]

1

吐司表面涂抹黄芥末美乃滋，摊平在保鲜膜上。

2

包卷完成，用底部的保鲜膜包卷住面包卷。

2

在靠近身体的面包上摆放皱叶生菜、炸虾、切成与面包等长的氽烫芦笋。

3

扭转两端使其固定。以此状态放入冰箱冷藏 3 ～ 4h，待其入味定形。时间不够时，可以卷得更紧一些。

[火腿起司三明治]

吐司表面涂抹少量黄芥末美乃滋，在靠近身体的面包上摆放皱叶生菜，叠放巧达起司和火腿。

4

连同保鲜膜一起斜向切开。

[牛蒡沙拉三明治]

吐司表面抹少量黄芥末美乃滋，在靠近身体的面包上摆放大叶紫苏、牛蒡沙拉并将其摆放成条状。

5

可以切成圆筒状等形状，搭配食材及盛盘，改变分切方式即可。剥除保鲜膜盛盘。

[完成]

1

分别由靠近身体的方向朝前卷起吐司。

迷你开面三明治

在小型面包上摆放各式各样的食材，如同法式小点心般的开面三明治，是方便食用的视觉飨宴。在此利用裸麦面包（Pumpernickel）和低糖油配方（lean）类的吐司，搭配5种食材完成各式成品，也可以选用其他个人喜好的面包或食材，做出缤纷的开胃前菜。

猪肝冻派
醋渍鲱鱼
玛利波起司
油渍鲑鱼
甜虾

猪肝冻派（3个）

裸麦面包
（7.5cm×3.7cm×0.6cm）　3片
奶油　适量
猪肝冻派　30g
培根（片状）　2又1/2片
醋渍迷你小西红柿　1又1/2个

* 猪肝冻派，将猪肝切成1cm的块状，浸泡在牛奶中去腥。取出猪肝后，加入猪背油脂、洋葱、蘑菇、培根等一起放入食物调理机搅打至滑顺。加入少量牛奶、面粉、盐、油渍香料、百里香等混拌，加入打发的全蛋，混拌。倒入涂抹了油的模型中，覆盖上铝箔纸，隔水以160℃烤箱加热。
* 培根切半后，以小火慢慢烘烤至释出脂肪，煎烤至香脆。
* 醋渍迷你小西红柿，将西红柿放入白酒醋内浸渍。

1　在裸麦面包上涂抹大量奶油。
2　猪肝冻派以刀子涂抹成山形，装饰上培根。点缀上醋渍迷你小西红柿。

醋渍鲱鱼（3个）

裸麦面包
（7.5cm×3.7cm×0.6cm）　3片
奶油　适量
醋渍鲱鱼（斜向切片）　6片
酸豆　约20颗
紫洋葱（圈状、小块状）　适量

* 醋渍鲱鱼，去骨的鲱鱼片撒上盐和莳萝叶，放入白酒醋内渍泡1天。

1　在裸麦面包上涂抹大量奶油。
2　放上两片醋渍鲱鱼的斜切片，摆放酸豆和小块状的紫洋葱。最后用圈状紫洋葱装饰。

玛利波起司（3个）

裸麦面包
（7.5cm×3.7cm×0.6cm）　3片
奶油　适量
玛利波起司 Maribo Cheese
（片状）　3片
红黄椒（圈状）　各3片
香叶芹　适量

1　在裸麦面包上涂抹大量奶油。
2　摆放起司，叠放上红黄椒圈各1，用香叶芹装饰。

油渍鲑鱼（3个）

吐司
（7.5cm×3.7cm×0.6cm）　3片
奶油　适量
醋渍鲑鱼（片状）　6片
柠檬（月牙片状）　3片
莳罗叶　适量

* 醋渍鲑鱼，去骨的银鲑鱼片抹上大置的盐、砂糖、适量的油渍香料、莳罗叶，放入冷藏油渍。结冻后的成品请在解冻后使用。

1　涂抹大量奶油在吐司面包上。
2　层叠上切成薄片的油渍鲑鱼，以柠檬和莳萝叶装饰。

甜虾（3个）

吐司
（7.5cm×3.7cm×0.6cm）　3片
奶油　适量
甜虾（汆烫）　30个
柠檬（月牙片状）　3片
香叶芹　适量

1　在吐司面包上涂抹大量奶油。
2　将甜虾整齐地排放，装饰上柠檬和香叶芹。

用于三明治的面包

在此列出制作三明治时经常使用的面包。哪一种面包用于哪一款三明治，并没有固定的模式。能否彰显出面包的美味，或是烘托食材，面包的选择就是制作三明治的起点。

法式长棍面包 Baguette

酥脆的外皮与简约的风味，是法式轻食三明治 Casse-Croute 等不可或缺的面包。很多面包店都有烘烤约 20cm 长的三明治用面包。沾裹上芝麻等，风味和印象也会随之改变，因此可以配合食材区分使用。

农家面包 Rustic Bread

分切发酵后的面团，不经整型直接烘烤完成的法国面包。坚硬的外皮和筋道的内芯是其特征。可以感觉到粉类香气的简朴风味，适合搭配火腿或起司等具特色的食材。

巧巴达 Ciabatta

意为"拖鞋"的意大利面包。扁平，口感绵软是最大的特征，可以制作成三明治或帕尼尼 Panini。像法国长棍面包一样风味质朴，适合搭配任何食材。

乡村面包 Pain de campagne

基本上使用天然酵母制作，烘烤得香脆的表皮、口感润泽的柔软内侧，带着略略微酸的气味，是其特征。因为风味扎实，因此常切成薄片运用于三明治制作。适合搭配风味独特的食材。

奶油餐包 Butter Roll

添加了奶油、牛奶制作而成，柔软易于食用的面包。因为添加了砂糖，带着微微香甜风味，适合搭配起司、鸡蛋等口味温和的食材。

吐司（方形、山形）

柔软，口感良好的吐司，是大家最习惯用于制作三明治的面包。依其形状及大小，给人的印象也会随之不同，因此想要制作大小相同的茶点三明治时，可以用方形吐司，想要营造出随性美味时，可以使用山型吐司。

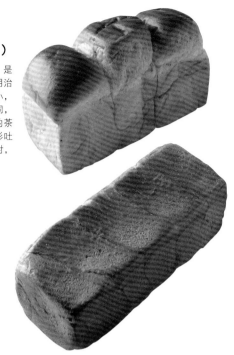

裸麦面包

Pain de Seigle、德国的Pumpernickel等都是使用裸麦粉制作的面包。裸麦粉的比例越高，酸味越强，口感越扎实沉重。因为味道强烈，基本上都会切成薄片使用。最适合制作成包夹火腿、起司等简单食材的三明治。

布里欧修 Biroche

大量使用鸡蛋和奶油，柔软内侧部分呈黄色的RICH类面包。润泽口感和丰富的香气是其特征。最常搭配鹅肝，与烟熏鲑鱼等具浓郁风味的食材，更是超级绝配。

凯撒面包 Kaisersemmel

手掌大小的德国餐食面包，表面撒满芝麻。嚼感好，风味简朴适合任何食材。横向分切为二就成了三明治面包了。

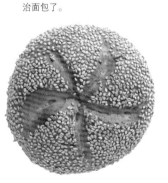

维也纳面包
Vienna Bread

使用少量的奶油、砂糖、牛奶制作而成的半硬质面包。风味近似吐司，适度的柔软是大家都能接受的面包。烘烤成照片般细长形状最为常见，以刀子划切出切口就可以夹入各式食材了。

 **专栏**

可颂 Croissant

松脆口感和丰富的奶油风味是最大的特色。虽然很适合搭配火腿、起司、鳀鱼等各式食材，但为能保持其松脆口感，不建议夹入水分含量大的食材。

佛卡夏 Focaccia

面团中加入了橄榄油制作而成的意大利面包。易于食用的柔软口感和薄薄的形状很适合三明治的制作。经常被用在帕尼尼 Panini，以及开面三明治的制作。

贝果 Bagel

烘烤前先烫煮过的贝果，其独特绵密筋道的口感是其特征。因不使用油脂而格外健康，很受到女性们的喜爱。奶油起司和烟熏鲑鱼贝果是最有名的三明治。

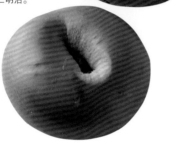

口袋面包 Pita

中间形成空洞的口袋面包，是中东的面包。将食材装填至其中，就是三明治了。味道清淡，适合夹入豆类或蔬菜等。在当地多夹入油炸鹰嘴豆饼做成法拉费（Falafel）享用。

面饼

玉米饼（tortilla）等薄薄烘烤的饼皮，放上食材包卷起来的卷形三明治，在纽约是很受欢迎的种类。为了方便包覆食材，面团先擀压成薄薄圆形后烘焙而成。

英式玛芬 English Muffins

英式玛芬的特征是烘烤成浅浅的淡色。用于三明治时，横向划切成两片，夹入蔬菜或鸡蛋等。稍稍烘烤后更能增加面包的风味。

index
索引

index—1
以面包种类索引

* 本书所收录的三明治，以面包种类所制作的索引。
* 添加核桃的乡村面包等，面团中添加了食材或香草等增加风味的面包，都会列入"乡村面包"中。
* 各店自行命名所原创的面包名称，可以分类为"法式长棍面包"、"巧巴达"等一般面包分类，由编辑部自行判断面包的种类及分类选项。

index—2
以店铺名称索引

* 本书所收录的三明治，以店名所制作的索引。

图书在版编目(CIP)数据

三明治全典 / 日本柴田书店编著；苏文杰译. —
北京：中国纺织出版社有限公司，2019.11
ISBN 978 - 7 - 5180 - 6288 - 1

Ⅰ.①三… Ⅱ.①日… ②苏… Ⅲ.①西式菜肴 - 预
制食品 - 制作 Ⅳ.①TS972.158

中国版本图书馆 CIP 数据核字(2019)第 116672 号

原书名:サンドイッチノート― 160 recipes of spcial sandwiches
原作者名:柴田书店
SANDWICH NOTE — 160 recipes of special sandwiches by Shibata Publishing Co., Ltd.
Copyright © Shibata Publishing Co., Ltd. 2006
All rights reserved.
Original Japanese edition published by Shibata Publishing Co., Ltd.
This Simplified Chinese Language edition is published by arrangement with Shibata
Publishing Co., Ltd., through East West Culture & Media Co., Ltd.
本书中文简体版经日本柴田书店授权,由中国纺织出版社有限公
司独家出版发行。本书内容未经出版者书面许可,不得以任何方
式或任何手段复制、转载或刊登。
著作权合同登记号:图字:01 - 2018 - 2984

责任编辑:韩婧　　责任校对:王花妮
责任设计:品欣　　责任印制:王艳丽

中国纺织出版社有限公司出版发行
地址:北京市朝阳区百子湾东里 A407 号楼　邮政编码:100124
销售电话:010—67004422　传真:010—87155801
http://www.c-textilep.com
E-mail:faxing@ c-textilep.com
中国纺织出版社天猫旗舰店
官方微博 http://weibo.com/2119887771
北京华联印刷有限公司印刷　各地新华书店经销
2019 年 11 月第 1 版第 1 次印刷
开本:787×1092　1/16　印张:11
字数:122 千字　　定价:98.00 元

凡购本书,如有缺页、倒页、脱页,由本社图书营销中心调换